中美台戰略趨勢備忘錄【第一輯】

曾復生　著

台灣海峽潛在軍事危機的根源

亞太地區（Asia-Pacific Region）是中共在二十一世紀初期，與美國競逐戰略利益的場所；而台灣海峽也已經成為兩強權力交鋒的焦點。中華民國未來的生存與發展，不可能無視於中共的崛起與擴張，更無法自外於「兩岸三邊」（台北─北京─華府）互動的框架（Frame-work）。對於美國而言，維護台灣海峽的和平與穩定，已成為其在亞太地區，處理安全戰略事務的一項重大考驗。然而，從中共的角度觀之，征服台灣就等於是瓦解了美國在亞太地區的盟主地位。

根據一份中共中央軍委會於一九九九年八月十日發佈，並傳達到師級指揮官的文件顯示，共軍正準備伺機對台灣發動軍事行動。中共軍方認為，倘若一場反台獨的戰爭已無法避免，就應考慮「早打比晚打有利」，因為早打儘管會延誤經濟發展，但是晚打將會破壞整個經濟改革的成果。此外，長期研究台北─北京─華府互動關係的美國喬治城大學教授唐耐心（Nancy

Tucker），在二〇〇〇年三月發表的研究報告中亦提出警訊認為，台海地區的爆炸性和對東亞穩定的威脅，遠超過朝鮮半島。唐教授強調，在未來三年間，隨著兩岸關係持續緊張與對峙，美國因中共對台動武，而捲入台海軍事衝突的可能性，已經無法排除。

二〇〇〇年四月十二日，時任美國國防部副助理部長坎貝爾（Kurt Campbell），在亞洲協會（The Asia Society）於紐約所舉辦的座談會上指出，台灣在總統大選後，台北方面表示願意對話，但是不願意接受北京的架構。至於北京方面，雖然沒有動作，卻是屬於「詭異的靜默」。然而，中共基本上並不希望台灣領導階層過於穩定，因為台灣政局若相當穩定，就不會願意與中共進行談判。坎貝爾最後並強調，未來六個月是台海的絕對關鍵時刻。二〇〇〇年六月中旬，坎貝爾博士訪問台北時公開表示，台海情勢仍然相當嚴峻。其同時亦對兩岸在短期內恢復對話的前景，不表樂觀。二〇〇一年三月中旬，坎貝爾博士在台北出席第八屆CSIS台北圓桌會議時，再度指出，當其在美國國防部負責東亞安全事務時，最重要的工作之一就是密切觀察中共針對台灣所進行的持續性軍備強化措施。坎貝爾博士認為，台灣的政治人物絕對不可以低估共軍以武力犯台的戰略意圖與能力。

事實上，早在二〇〇〇年二月二日、二〇〇一年的二月中旬、二〇〇三年二月十二日，以及二〇〇四年的二月下旬，美國中央情報局局長和國防情報局局長，就曾經先後在參眾兩院委員會的聽証會上表示，台灣內部的台獨勢力上漲，已促使台海地區發生軍事危機的可能性，明顯上升。此外，二〇〇〇年十一月間，美國國防部的專題研究亦披露，解放軍不會用「入侵」的方式攻打台灣，而是用大規模的密集導彈突擊，全面瓦解台灣的空防和預警系統。中共軍方對台作戰的主軸將包括：掃除美國的干預威脅，對台實施精準空襲、發動資訊戰，以及運用特種作戰部隊等措施，並企圖使台灣的軍隊措手不及，無法實施反擊。

從近期中共與俄羅斯、以色列，以及歐盟國家等發展國防科技交流和軍購的內容觀之，中共軍隊將擁有的軍備包括：高解析度的雷達衛星、可改變彈道的M—九型彈導飛彈、超音速攻艦飛彈、空中預警管制機、陸攻巡弋飛彈、攻擊直昇機、靜音效果極佳的潛艦等。至二〇一〇年，中共海軍將可擁有十五艘新式潛艦，對台灣海峽的封鎖能力可大幅增加。此外，中共的瀋陽飛機製造廠已取得蘇愷二七型戰鬥機的製造授權和各種設備零件。預計到二〇〇五年時可生產約二百架同型飛機。屆時，對提昇中共空軍戰力，將有明顯的幫助。

隨著中共海空軍戰力的逐步提升，美國在亞太地區「平、戰時」轉換時間將縮短，此對其維持台海軍力平衡的考量，也造成了更多的不確定性。然而，更值得注意的是，中共當前所認定的三項重要的國家安全戰略性任務，已經對亞太安全格局構成深遠的影響。第一項就是有關「祖國統一」的議題。中共不僅把解決「台灣問題」視為民族主義問題，同時也將其視為「國家安全」問題。民族主義追求的是一個統一的國家，而一個分裂的中國，對中共的「國家安全」具有顯著的威脅。現階段中共軍力的發展、戰略計劃的部署，以及推動軍事現代化的動力，有很重要的部份，都是為了要確保有足夠的軍事能力，達成北京當局統一中國的目標。

第二項國家安全戰略性任務是鞏固並開拓中共在東海及南中國海的政治、經濟、軍事利益。為了要達成此項戰略目標，中共所必須發展及擁有的軍事能力，將不只是足夠對付台灣，而且必須能有效嚇阻任何可能對此地區構成威脅的國家。最後，中共的第三項戰略性任務，就是維持並強化中共對東北亞及東南亞國家的影響力。其在朝鮮半島雖已促成了兩韓領袖的高峰會議和「六方會談」，但是對於防範大陸東北的七百萬朝鮮族與南北韓結合，仍然著力甚深；同時，中共亦運用北韓牽制美、日、南韓在東北亞的軍力，並且加強吸引南韓到山東半島投資；此外，中共亦積極防阻日本進一步與外蒙古接觸，避免造成北方邊境的安全戰略缺口；就東南亞的戰略部署方面，中共推動全面性睦鄰政策，恢復與越南的友好關係；重修滇緬公路，與緬甸軍政府簽訂合作協議，在孟加拉灣的Co Co Island及Mergui Naval Base建立海軍偵察站，監控印度洋，威脅日本石油航運線。基本上，中共所強調的「積極防禦海域」，包括南自南沙群島到台灣海峽、釣魚台群島，向北一直延伸到朝鮮半島。這種戰略部署作為顯示，中共軍方企圖突破第一島鏈，發展海洋勢力，經營「藍色國土」的佈局，已逐漸露出端倪。中共軍方當局認為，若要取得亞太區域的戰略縱深優勢，就必須擁有足夠控制此區域的軍事實力。

從中共當局的國家安全戰略思維邏輯推論，解放軍將會把美國在亞太地區的駐軍及其與各國的軍事合作關係，包括「美日防衛合作指針」、戰區飛彈防禦體系（TMD）的部署、對台軍售等，視為其解決「台灣問題」，以及取得海疆戰略縱深優勢的障礙；美國也將因中共在亞太地區的軍力和影響力日益強化，而備感不安。據此觀之，台灣海峽潛在軍事危機的根源，主要是來自於美國與中共之間，在亞太地區的戰略利益競逐。因此，亞洲諸國，尤其是中華民國、日本，以及南北韓和新加坡，都必須密切注意美「中」兩強間的戰略利益競逐，並找到對自己國家最有利的戰略位置，以因應亞太新形勢的嚴峻挑戰。

二〇〇〇年三月十八日中華民國第十任總統選舉結果出爐後，美國方面普遍認為，兩岸關係將可能更趨於複雜和不確定。隨著二〇〇四年三月二十日中華民國第十一任總統選舉結果產生後，中美台的互動關係，更出現瀕臨結構性轉變的關鍵時刻。因此，國人有必要密切觀察「兩岸三邊」的戰略趨勢，以確保台灣的關鍵利益與安全。筆者基於中華民國生存與發展的考量，審慎地選材與研析相關的論述與事件，並標明備忘錄完稿日期，盼能為關心台北—北京—華府互動趨勢的讀者們，增添一個資訊管道，以收集思廣益的效果。最後，作者想藉本書的出版向逸仙文教基金會馬董事長

樹禮先生表達最高的敬意與謝忱。

曾復生謹誌於台北

2004年9月28日中秋夜

目次

備忘錄一

北京阻礙台北加入世界貿易組織的策略

時間：二〇〇〇年六月三日

美國喬治城大學教授唐耐心（Nancy Bernkopf Tucker）於五月中旬在西雅圖的國家亞洲研究局（The National Bureau of Asian Research），發表一篇題為「台灣因素對國會表決給予中共PNTR的影響和加入世貿組織的前景」的研究論文指出，一旦大陸與台灣先後加入世界貿易組織，這種經濟性的整合，將會對不穩定的台海局勢，產生正面的緩和作用。然而，唐耐心在這篇報告中亦強調，北京方面對於阻撓台北先於大陸加入WTO，或者全面性杯葛台灣加入WTO，均有其策略。以下是唐耐心教授的分析要點：

北京與台北目前均面臨加入世界貿易組織的關鍵瓶頸。台北已經與二十六個貿易協商對象中的二十五個國家，簽署雙邊協議。唯獨只有香港地區，雖已完成雙邊協商，但是一直未能正式簽署協議。很顯然的，香港基於政治上的考量，遲遲不願與台北簽訂雙邊協議。就技術面而言，台北的入會申請案，現在就可以進行審議表決。WTO的入會標準是採三分之二絕對多數制。但傳統上，WTO均以共識決的方式來處理入會案。因此，台北的入會案勢必要等到北京方面的入會案也準備就緒之後，才有可能進行表決。

對於可能影響台北與北京加入ＷＴＯ的障礙，將可能來自台北和北京兩方面。就台北而言，台北若準備對北京採用ＷＴＯ的協議中第十三條內規定的排除適用條款，作為其加入ＷＴＯ的條件，此舉將會具體影響到台北加入ＷＴＯ的機會。然而就北京方面可能造成的阻礙而言，台北當局擔心，一旦北京入會之後，其可能會運用已經是ＷＴＯ會員的巴基斯坦、古巴、孟加拉、斯里藍卡、烏拉圭等國家，拖延台北入會案的審理與表決。

北京入會後可能採取杯葛台北入會的策略重點包括：（一）北京在ＷＴＯ中的盟友，例如前述的幾個國家，在審議表決台北的入會案時，要求在台北的入會文件中明確地表示，台灣是隸屬於北京主權管轄範圍之內；（二）北京運用她在ＷＴＯ的盟友，對台北的入會案提出異議，並表示他們尚未與台北完成適當的雙邊協商；（三）由北京直接挑戰華府，迫使柯林頓政府主動同時放棄推動台北和北京的入會案；（四）北京主動向ＷＴＯ提出要求，必須安排較長的間隔時間，表決北京與台北的入會案。藉此，北京可以在成為ＷＴＯ會員後，運用各種方式延遲阻礙台北的入會審議；（五）北京強硬地堅持，台北加入ＷＴＯ必須接受其是屬於中國的一部份，而且要按北京所設定的條件行事。

自從民進黨籍的陳水扁當選總統之後，台北方面擔心，北京方面對台北加入ＷＴＯ的條件，可能會更趨於嚴苛。緊接著民進黨勝選後，北京方面即宣稱，兩岸三通唯有在一向主張台獨的民進黨新總統接受「一個中國原則」之後，才有實現的機會。對於台北的ＷＴＯ入會案，北京方面將可能提出幾近羞辱的條件，迫使台北接受，或者讓台北選擇放棄加入ＷＴＯ的念頭。

台北方面亦擔憂美國可能會在最後關頭，或許因無法理解台北與北京在主權堅持的敏感性，或者因誤判台北與北京的意圖，而選擇支持北京所提出的要求。畢竟從一九四〇年代的國共內戰時期，到一九七〇年代的尼克森政府，以及最近幾年柯林頓政府的一些做法，都令台北方面對美國的民主、共和兩黨處理複雜而敏感的兩岸問題，缺乏信心。

備忘錄二

北京強力反對美國的飛彈防禦計劃

時間：二〇〇〇年六月十八日

美國國防部指示成立，由前空軍參謀長威爾契領導的十二人專家小組，最近彙整提報一份機密報告給美國國防部長指出，美國計劃部署的「全國飛彈防禦系統」（ＮＭＤ），在包括攔截飛彈推進火箭的相關問題、攔截飛彈能否判別敵人飛彈與誘餌假彈，以及規劃在五年內部署全國飛彈防禦系統的進度是否不切實際等，有相當保留的意見。此外，包括前任國防部長培里、前任中情局長道奇、前國家安全顧問布里辛斯基等人士，最近也向柯林頓總統表達，希望其能暫緩決定是否部署ＮＭＤ。這些人士的主要理由包括：規劃的進度不切實際、重要技術障礙有待排除、可能引發軍備競賽，以及可能衝擊美俄、美日，以及美國與歐盟的關係。今年六月上旬，美中情局外圍研究機構「蒙特利爾國際研究所」的「反武器擴散研究中心」（Center for Nonproliferation Studies, Monterey Institute of International Studies），發表一篇題為China's Opposition to U.S. Missile Defense Programs的研究報告，對北京反對美國部署飛彈防禦系統的理由，有相當完整的剖析，其要點如下：

第一、北京反對把台灣納入「戰區飛彈防禦系統」（ＴＭＤ）的重要理由包括：（一）Ｔ

ＭＤ將會增強台灣的自信心，並可能因此而導致台灣宣佈獨立；（二）ＴＭＤ有關的軍售將會干涉到「中國」的內政，並損害「中國」的主權；（三）ＴＭＤ有關的軍售將會為建立美國與台灣實質性的軍事聯盟，踏出重要的第一步；（四）ＴＭＤ有關的軍售行為，將會破壞美國與北京在一九八二年所發表的「八一七公報」；（五）台灣可能運用ＴＭＤ的技術，發展攻擊性的飛彈；（六）ＴＭＤ有關的軍售將形成飛彈技術的擴散，並且會影響北京考慮參與「飛彈技術控制聯盟」（ＭＴＣＲ）的意願。

第二、北京反對把日本納入「戰區飛彈防禦系統」（ＴＭＤ）的重要理由包括：（一）ＴＭＤ有關技術中的推進及導引關鍵科技，將可能促成日本發展攻擊性洲際彈導飛彈的計劃；（二）ＴＭＤ與日本的合作，將可能為日本的再度軍備化，提供技術和政治的支持基礎；（三）日本透過ＴＭＤ的參與和美國合作，將具體顯露美日軍事同盟升級的事實；（四）日本部署高空域的ＴＭＤ，將可以被用來防衛台灣；（五）ＴＭＤ的部署將在亞洲挑起北京與日本，以及台北與北京之間的軍備競賽。

第三、北京反對美國在其本土部署「全國飛彈防禦系統」（ＮＭＤ）的理由包括：（一）ＮＭＤ的部署將會抵銷北京的戰略核武及彈導飛彈的嚇阻實力；（二）ＮＭＤ的部署將會阻礙美國與俄羅斯正在進行中的「裁減戰略核武」談判。

第四、倘若美國執意要部署ＮＭＤ，並且在西太平洋部署ＴＭＤ，則北京將會強化其ＩＣ

ＢＭ的發展與部署。同時北京也將研發各種穿透飛彈防禦的戰力，以及加強其多彈頭彈導飛彈的投射能力。然而北京將會以維持有效嚇阻能力為目標，並不打算與美國進行全面性的戰略核武及飛彈競賽。

第五、北京認為低空域的反飛彈系統是正當的防衛。目前北京已向俄羅斯購進Ｓ—三〇〇反飛彈武器，並且也著手開發自主性的反飛彈系統（ＫＤＩ），預估的戰力是能夠在二十五公里的範圍內，以四馬赫的速度，擊落來襲的飛彈。

備忘錄三

北京當局的自由化政策騎虎難下

時間：二〇〇〇年七月二日

七月一日美國華盛頓郵報（Washington Post）以專題報導，披露中國大陸的知識份子，對中國共產黨所倡言的改革理念，普遍缺乏信心。文中強調，目前大陸的失業率急遽上升，而共產黨也因腐敗嚴重，逐漸失去民眾的支持。此外，台灣政治民主化的發展，對大陸的一黨專政也構成了壓力。華盛頓郵報並強調，有越來越多的民眾認為，腐敗的共產黨已經不能夠代表人民的基本利益。今年六月中旬，美國華府智庫傳統基金會（The Heritage Foundation）發表了一份，由前任國防情報局中國研究部專家Larry M. Wortzel博士所撰寫的分析報告：Challenges As China's Communist Leaders Ride the Tiger of Liberalization。其對於大陸軍隊在面臨改革開放，以及經濟自由化的大趨勢之下，所遭遇的嚴重困難和適應不良的窘境，有相當深入的剖析，其要點如下：

第一、以江澤民為首的中國共產黨，在經歷法輪功示威事件、接連在各地爆發的礦工和農民抗爭事件，以及在城市地區網際網路普及化的影響，正面臨統治正當性的諸多挑戰。北京當局為了維持其一黨專政的統治，並保持政局的穩定，必須增加對共軍的依賴；而其所採取的策略，一方面以強調改革開放路線不變，並同時對台灣保持軍事威脅的壓力；另一方面，共軍將要求江澤民在國際舞台上，以較高的姿態出現，並在大陸內部強化民族主義的教育。以當前的發展趨勢觀之，美國原先期望大陸在逐步加速推動經濟自由化的改革，並進而帶動包括政治民主化等相關的發展，顯然正處於緩慢停滯的狀態。

第二、北京當局的領導階層正坐在一個「人口結構快速老化」的定時炸彈上面。大陸的老年人口比例增加的速度，從一九九〇年的百分之十一，至二〇二五年將達到百分之二十二。如此沉重的老人負擔，將嚴重阻礙經濟的健康發展。此外，這種人口老化的趨勢更將影響到共軍的兵力結構。再加上長期實施一胎化的政策，使得共軍的兵源減少。目前多數共軍官兵的家計負擔沉重，此對原本已經貪污嚴重的軍隊，更是雪上加霜。事實上，大陸的軍官和士兵微薄的待遇，與其他行業人士的收入無法相比，必然導致軍官士兵貪污成風。

第三、共軍企業目前在大陸的三十萬國有企業中，仍佔有相當的比重。但是，由於多數的國有企業均處於虧損狀態，而這些虧損的國有企業所雇用的員工，超過一億到一億二千萬人左右。在經濟自由化的趨勢下，共軍的相關企業，其虧損比例有明顯增加之勢。因此也導致了關門工廠失業工人抗議事件不斷、鉅額公債無法償還、銀行呆帳無法清理等，種種的經濟、社會難題。倘若北京當局以及共軍領導階層不能正視這種綜合人口結構老化、盲流人數增加、退伍軍人在市場經濟適應不良、國有企業持續虧損，以及官僚軍人的貪污成風等嚴重

備忘錄四

台灣海峽安全與穩定的關鍵

時間：二〇〇〇年八月五日

美國中央情報局的外圍研究機構「蒙特利爾國際研究所」（The Monterey Institute of International Studies）透過其所屬的「反武器擴散研究中心」，於今年的五月十二、十三兩天，邀集台北、北京、華府三方，具有軍事與情報機構關聯性的專家學者，在該中心針對台海潛在軍事危機及兩岸恢復對話的契機等議題，進行深入的討論。七月二十七日，該研究中心負責人孫飛博士（Philip C. Saunders），將此次研討會的總結報告發表，要點如下：

第一、研討小組共同認為，可能導致兩岸軍事衝突的九項關鍵性指標與趨向包括：大陸入侵台灣所需採取的各種軍事準備指標；台灣決定發展大規模毀滅性武器；美國決定對台灣出售ＴＭＤ武器系統；北京宣佈其統一台灣的時間表；中國大陸的經濟狀況出現崩盤；台灣明顯地傾向台獨路線；美國明確表態支持台灣；「認同台灣」的傾向日趨強化，並無限期地拖延統一；台海兩岸軍力明顯地出現失衡狀態。

第二、參與研討會者認為，由於個別事件引起誤判而導致兩岸軍事衝突的機率不高；但台灣若走向獨立，則會引發戰爭。此外，三方代表都認為，大陸與台灣之間由於缺乏政治對話，將會擴大雙方認知的差距，並可能會增加軍事衝突爆發的可能性及趨勢。

第三、三方代表在研討過程中顯露出的重要認知分歧包括：美方代表認為北京揚言祭出「統一時間表」，是對台灣的最後通牒。但是另兩方的代表則表示，此乃是中共當局建立內部支持的手段而已；北京方面認為，台灣問題是大陸推動政治民主化的障礙。但是，台灣方面則表示，中國大陸的政治民主化，將會為解決兩岸問題創造契機；北京方面的代表認為台海軍事平衡的狀態，由於受到台灣趨向獨立方向發展的影響，已經發生相當程度的不穩定。但是台灣及美國的代表則認為，北京意圖以建構優勢的軍力，迫使台灣接受其所提出的條件，並與其進行協商談判。

第四、三方參與研討會的代表共同建議，要打破目前的兩岸僵局，可以嚐試以非官方第二軌道的途徑，雙方基於一九九一年國家統一綱領的精神與原則，進行政治性的對話。北京方面的代表將願意與台灣代表，針對國統綱領中的近程、中程、遠程階段目標，進行對話；美國方面則表示將扮演建設性的角色，以促進雙方的對話並協助釐清各項的分歧。

第五、兩岸之間的復談可以從定期的非官方對話與研討著手，然後逐漸地進行高層次的協商談判。當雙方就有關國統綱領進程，從事討論之際，亦應該同時針對兩岸合作的務實議題，展開討論與協商。此間的關鍵在於雙方的代表必須擁有高層政治領導人士的充份信任與支持。

備忘錄五

剖析大陸的國家安全戰略

時間：二〇〇〇年八月二十七日

美國國防部重要智庫藍德公司（RAND Corporation）的研究員Michael D. Swaine & Ashley J. Tellis於八月中旬發表一篇題為：Interpreting China's Grand Strategy:Past,Present,and Future的研究報告，針對大陸的國家安全戰略，提出整體性的剖析，其要點如下：

第一、影響大陸國家安全的威脅因素包括：（一）維護長達一萬英浬的邊界，使其不受外來力量的侵略與威脅。現階段印度、俄羅斯、日本、美國等，都擁有軍事上的實力，可能對中國大陸的邊界造成威脅；（二）由於北京的領導結構仍屬人治體系，因此對外的國家安全策略，經常只是國內高層領導人之間鬥爭的工具，導致國家安全受國內政爭的影響甚鉅；（三）北京自視其為國際社會中的大國。目前其正致力於加強本身在經濟、科技和軍事上的實力，以期達到與其他強權平起平坐的地位。

第二、根據前述的主要威脅因素，大陸現階段國家安全戰略的目標可歸納成三點：（一）有效地控制疆界，並排除任何危及政權生存的威脅勢力；（二）在面對各種可能出現的社會動盪情況時，儘力保持國內的社會秩序穩定與經濟發展；（三）致力建立本身在區域地緣政治的影響力與地位。

第三、現階段北京為達成其國家安全戰略的目標，一方面採取加強軍經實力的強勢作為；同時也採取各種外交的「柔性」手段，以期運用雙管齊下的方式來達成目標。更值得注意的是，北京方面精心設計的戰略，一方面致力於維護和平的國際環境，藉以吸引更多的國際投資、技術與貿易；同時，其亦藉此強化中共政權領導的合法性，以及擴充軍事實力的經濟基礎。到目前為止，北京方面的精心戰略設計，已明顯地產生具體的效果。

第四、大陸的國家安全戰略，其主要的構成部份有下列四項：（一）對美國和其他發達國家的政策。其致力於維持與發達國家的和緩友善關係，並強調一個崛起強大的中國是亞洲穩定的力量；（二）致力降低大陸可能遭受的威脅，逐步增加軍事能力，做為外交與政治運用的籌碼。同時，其亦儘量避免引起鄰國對大陸軍力擴張的疑慮；（三）避免使用武力手段做為解決領土爭議的方法；倡導睦鄰政策以減少阻力，並至少維持到大陸的實力足以主導全局為止；（四）對於參與國際社會活動方面，北京則強調以個案處理的方式，分別就經濟發展、貿易、技術轉移、軍備控制，以及環境保護等議題，凡對北京有利者，則採取合作的立場；若有違背北京利益與立場，則堅持繼續協商的態度，以維持戰略優勢的地位。

備忘錄六

北京提升對台軍力的新趨勢

時間：二〇〇〇年九月十日

今年七、八月間，共軍在南京軍區實施大規模的軍事演習，並展示出新的聯合作戰能力。美國民主黨眾議員羅巴拉克（Dana Rohrabacher）的國家安全政策顧問歐杉多利（Al Santoli）為深入觀察共軍軍力提升的程度，特於今年八月十四日至八月二十六日間，親赴東亞走訪相關人士，進行實地的瞭解。歐氏指出，共軍現代化和聯合作戰能力的進步程度，遠超過美國國防部事前的評估。按南京軍區近日演習的內容觀之，共軍已經擁有自美國引進的資訊作戰能力，並且能夠運用俄羅斯、美國、以色列等國的先進武器、裝備和高科技的戰術。此外，共軍的彈導飛彈、巡弋飛彈的庫存量不斷增加，而其自俄羅斯引進的高性能戰機、超音速反艦飛彈，以及資訊電子作戰的能力，也直接對台灣的安全，構成嚴重的威脅。值得注意的是，共軍正積極建構二十一世紀「不對稱作戰」武器系統的發展，其中的重點是以俄羅斯的科技為主軸，發展反衛星及電磁脈衝武器，專門用來對付美國的高科技武器。現謹就研究報告的要點，分述如下：

第一、確保中華民國台灣地區的自由與民主，是和平演變中國大陸，使其導向政治民主化，以及維護亞太地區和平與繁榮的重要關鍵。倘若台灣落入中共的管轄，無異於顯示亞太地區的民主力量，對中共的屈服。因此，亞太地區無不密切地觀察美國與中華民國的互動關係。一旦，美國決定背棄台灣，將導致東南亞國家選擇切斷與美國的聯盟關係，而傾向於接近北京。

第二、共軍今年夏天在南京軍區演習所展示的「高技術局部戰爭」能力，已經透露出台灣海峽軍力的動態平衡，有逐步朝中共方面傾斜的趨勢。具體而言，大陸在海、空、陸戰、空降、砲兵，以及飛彈等部門的戰力，都有令人驚訝的進步速度。此外，共軍正在部署雷達資訊網，計劃納入六十八座先進雷達，以整合共軍的空軍聯合作戰指揮聯絡管制體系。由於大陸空軍已經針對台灣，部署先進戰機的作戰單位；再加上短程彈導飛彈的威脅，台灣的軍隊只有五至十分鐘的反應時間。因此，部署具有預警效能的長程監控雷達，和相關的資訊鏈軟體，已經成為保障台灣安全，增加國軍反應時間的重要憑藉。

第三、大陸軍方運用民用的光纖通訊網路，做為軍事通訊系統的主幹。這種通訊系統擁有高度的隱密性，不易被敵對力量截聽或監聽。反之，目前台灣軍方所使用的通訊網路，相較之下，遠比大陸軍方的設備落後。而這種暴露在敵方監控下的指管通情系統，將可能導致作戰時的失敗。

第四、共軍正集中資源與人力，發展以破壞美軍及其盟國軍隊，和政治經濟中心電腦資訊控制體系的能力。同時，共軍為了加強防禦敵對勢力的攻擊，並增強都會區人民面對戰爭的心理能力，曾經在上海市舉行，五十年以來第一次的防空演習。這項演習透露出，共軍正進行有關準備在東南沿海地區，採取軍事行動的意圖。

第五、今年一月間，共軍展開一項代號一一二六計劃。這項計劃研發軍民兩用的太空資訊技術，以及核武彈頭「微小化」的能力。此外，共軍正加速推動各種飛彈及重要軍事設施和基地隱密化的部署。共軍企圖以欺敵的戰術，誤導美國間諜衛星的偵察，進一步抵銷美國對大陸重要軍事設施的威脅。

第六、共軍加速提升其高科技作戰能力的動作，並不是意味其將立即對台灣採取軍事行動。基本上，其所致力研發的反衛星武器、資訊電子作戰能力，以及中程及長程彈導飛彈的打擊能力，主要是為了準備與美國競逐亞太地區的盟主地位。

備忘錄七

美國與中共互動的最新情勢

時間：二〇〇〇年十月二十三日

美國華府重要智庫「戰略與國際研究中心」（CSIS）附屬研究機構「太平洋論壇」（Pacific Forum CSIS），在最新一期的東亞雙邊關係電子季報「比較關係」（Comparative Connections），發表兩篇分別由美國國防部長辦公室顧問葛來儀（Bonnie S. Glaser），以及前美國國務院中國事務主管卜道維（David Brown）所研撰的分析報告。文中指出，當前台北、北京、華府的三邊關係，仍然是處於一種相當複雜和不穩定的狀態。美國與中共之間雖然在「永久性正常貿易關係」（ＰＮＴＲ）的議題，獲得了解決。但是中共並未因此而如美國所願地，加速推動參與ＷＴＯ的腳步。此外，兩岸關係也仍舊處於一種僵持對立的氣氛。現謹就兩篇報告的要點，分述如下：

第一、十月十日柯林頓總統正式簽署給予中共「永久性正常貿易關係」的法案，結束了長達二十年，必須每年檢討給予中共正常貿易關係的時代。然而美國與中共之間針對其他的議題，包括人權、宗教自由、台灣問題、飛彈防禦計劃等，仍舊處於針鋒相對的狀態。此外，美國與中共軍方的互動雖有日益頻繁之勢，而且國防部長柯恩在訪問大陸時，達成雙方定期進行軍事和文職人員，就有關國防安全戰略對話的協議；另美「中」雙方就軍備控制及反武器擴散的談判，在中斷十四個月之後，也已經恢復。不過，美「中」雙方並未因此而對有關飛彈技術擴散的歧見，取得任何共識和化解之道。目前中共正密切關注美國總統選舉，並積極準備各項應對策略。

第二、中共方面傾向於希望代表民主黨的高爾副總統，能夠順利地贏得總統選舉。基本上，中共認為高爾若勝選，代表美國對華政策將維持現行的軌道。雙方雖然對若干重大議題存有歧見，但是對於朝向建立「戰略夥伴關係」都有一定程度的興趣。然而，倘若由共和黨的布希勝選總統，中共方面認為由於其在競選期間，不斷強調與中共將處於「戰略競爭」的關係，同時亦堅持對興建飛彈防禦體系的計劃，採取主動積極的立場。布希的政見促使中共方面擔心，一旦其勝選將可能會支持出售更多先進武器給台灣，其中包括神盾級戰艦，並強化台灣的飛彈防禦能力。

第三、不論新任的美國總統由何人勝出，基本上，美國與中共之間仍將處於一種「既聯合又鬥爭」的格局。當中共成為ＷＴＯ會員後，美國與中共間的爭議，將因雙方對履行ＷＴＯ規範條文的歧見日深，而不斷湧現。此外，中共對於美國一旦正式決定推動全國飛彈防禦計劃，以及東亞戰區飛彈防禦計劃所產生的反彈，也勢將嚴重衝擊脆弱的美「中」關係。這種緊張關係將導致雙方，在軍事國防領域和外交領域上的競爭。

第四、目前中共方面在處理有關台灣問題的姿態，有越趨強硬的傾向；同時，其對於陳水扁政府遲遲不願意接受，在「一個中國原則」的前提下，恢復兩岸的對話與協商，也已逐漸失去耐心。在這種明顯趨向緊張的狀態下，美國與中共之間的互動，有可能因台灣問題的爭議而再度面臨嚴峻的挑戰。

第五、中共領導階層已開始對二〇〇二年的中共十六大，進行各項的部署。其中尤其是以內部領導權及接班人事安排最受矚目。此也將引發中共內部新一波的權力鬥爭，以及衍生而來的各種政策方向競逐與變動。美國與中共之間的關係，經常會成為中共高層領導權力爭奪的反映。所以在未來的一、二年內，雙方的互動關係將不會平靜。

備忘錄八

中共因應美國的飛彈防禦計劃

時間：二〇〇〇年十一月六日

柯林頓總統於十月上旬宣佈，其將交由下屆的美國總統來決定，美國是否需要部署「全國飛彈防禦系統」（ＮＭＤ）。代表共和黨的小布希傾向於建構飛彈防禦系統，並加強與盟邦合作，包括與日本共同部署東亞地區的「高空域戰區飛彈防禦系統」。至於民主黨的總統候選人高爾，則傾向於延緩決定是否要全面部署ＮＭＤ。高爾的理由是基於技術性成熟度的考量，認為ＮＭＤ的技術水準還未達到可以做決定的時候。此外，中共的態度是影響美國總統做最後決定的關鍵因素之一。美國華府重要智庫「尼克森中心」（The Nixon Center）的中國研究部門主任藍普頓，邀請布魯金斯研究所的專家歐漢龍（Michael O'Hanlon）以及國防大學的馬德龍（Ronald Montaperto），共同針對中共與美國飛彈防禦的議題，進行深度的研討，其要點如下：

第一、美國與日本在東亞地區共同合作建構「戰區飛彈防禦系統」（ＴＭＤ），主要是針對防禦北韓彈導飛彈威脅。但是有越來越多的日本人開始憂心，中共的洲際彈導飛彈，隨著其技術的不斷改良，對日本的威脅也益形增加。因此，日本國內對於強化與美國合作發展ＴＭＤ

的支持程度，也明顯上升。

第二、中共方面認為，美日合作在東亞地區部署ＴＭＤ的理由可以瞭解，但是中共堅決反對美日的ＴＭＤ，把台灣納入其中；其最關鍵的考量是為防阻台灣在加入ＴＭＤ體系後，走向分離的道路，尋求「台灣獨立」。

第三、中共現階段的核武政策是採取「最低限度嚇阻」（Minimum Deterrence），保證能夠對任何核武攻擊施予有效的反擊。然而，在九十年代末期，中共方面認為美俄的核武能力對抵銷中共反擊能力的威脅，已明顯增加。因此，中共已著手發展機動、固態燃料的洲際彈導飛彈，並朝向「有限嚇阻」（Limited Deterrence）戰力的方向準備。值得注意的是，中共軍方已開始研討核武政策的新內容與綱領，其中亦包括推出「致命第一擊」戰力的可能性。

第四、中共不僅將會強化其核武的飛彈打擊能力，同時也進一步加速研發誘敵的餌彈技術，使美國的ＮＭＤ必需增加可觀的技術程度和部署經費。同時，中共也可能把這種欺敵假彈技術，轉移給北韓等國家，迫使美國與其盟邦所共同建構的飛彈防禦體系，面臨更多的技術不確定性和部署成本。

第五、布魯金斯研究所的歐漢龍強調，美國沒有部署飛彈防禦體系的必要，因為這種戰略性的行為只會引發中共的不安全感，並導致核武擴散，以及引發東亞軍備競賽等副作用。此外，一旦ＮＭＤ成為事實，中共將在諸多原先可以和美國採取合作的議題，包括朝鮮半島、核武及飛彈技術擴散、亞洲金融穩定等，與美國採取相左的立場。

第六、倘若美國決定部署ＮＭＤ，就必須加強研發能夠擊落「點火推進階段」（Boosting Phase）的飛彈防禦能力，使飛彈發射國瞭解到，一旦其核子彈導飛彈在本國領土範圍內被擊落，其受害者是本國的人民。這種具體的傷害將更能有效的嚇阻飛彈攻擊。到目前為止，美國的ＮＭＤ技術能力，尚無法有效地擊落「點火推進階段」的來襲飛彈。面對中共方面在軍事現代化的各種進展，美國仍然有必要一方面加強與共軍進行交往，以期減少誤解或誤判；此外，美國亦有必要在飛彈防禦的議題上，加強在技術能力和戰略規劃的研究發展，進而能夠迎接未來更加嚴峻的挑戰。

備忘錄九

美國與中共關係的重大議題

時問：二〇〇〇年十一月二十日

本屆的美國總統選舉，出乎意料地爆出計票風波，導致新總統仍然處於難產狀態。不過，無論是由民主黨的高爾或共和黨的布希當選總統，美國的對華政策，以及其與中共間的雙邊關係，仍將會集中針對幾項重大的議題，包括：加入世貿組織、共同合作防止核武及彈導飛彈的擴散，以及環境破壞導致全球氣候變化異常等，進行所謂「既聯合又競爭」的互動。十一月十五日，美國的網路資訊公司「外交政策焦點」（Froeign Policy In Focus），發表一篇由資深媒體人士葛士蒙（John Gershman）所撰寫的評論文章，葛氏指出當前美國與中共互動的重點如下：

第一、自從今年九月中旬，美國參議院以高票通過給予中共「永久性正常貿易關係」的法案之後，無異於為中共加入世界貿易組織，排除了最大的障礙。十一月二日，中共的世貿工作小組在日內瓦，重新恢復與各國代表進行各項雙邊與多邊的談判與協商。然而美國與歐盟也進一步地對中共提出要求，希望中共在加入世貿組織之後，能夠遵守世貿組織一體適用的經貿活動規範，而不是對本國的經濟活動與企業採取一套標準，對外國公司及國際貿易活動又採取另外一套標準。到目前為止，中共的世貿工作小組仍未提出完整的立法計劃，促使中共在加入世貿組織之後，能夠就有關規劃與世貿組織規範接軌的法律，進行具體的立法工作。中共的代表指出，中共方面將提出一百六十項立法計劃，使大陸經貿法規能夠與世貿組織的規範接軌。但是，這項計劃僅達到世貿組織所提出要求的一半，而中共方面已經堅定的表示，其將不可能再讓步。此外，中共方面亦強調，其將不準備為了符合世貿組織所有的要求，進行國內的立法工作；因為這些過份的要求已經干涉到中國大陸的內政。

第二、除了就有關「立法計劃」的爭議外，中共與歐盟和美國的代表，在保險業的市場開放進度時程表上，亦發生嚴重的分歧。因為中共方面並未能按照其與歐盟及美國入會雙邊協定內容，執行開放保險業市場的承諾。中共方面延遲執行協議承諾的原因包括：中共有意發揮談判藝術，儘量地爭取到最有利的條件；大陸若准許外國保險業進入國內市場，必須完成國內的配套立法，以因應國際企業力量的競爭；最重要的原因是在於中共當局與國務院經貿、財政部門的領導人，就有關中國大陸是否有必要加速開放國內市場，以進入世貿組織的政策，產生嚴重爭執。目前大陸內部不同部門之間，對於是否要加入世貿組織，或者願意以何種代價加入，顯然已經出現相當的分歧，而且這種爭議有越演越烈的趨勢。

第三、美國與中共已針對防止核武及彈導飛彈擴散的議題，展開新一輪的協商與對話。根據中共軍方所發表的政策白皮書、共軍建軍備戰的方向，以及各項軍購內容的重點研判，中共已經把美國視為其在亞太地區的安全威脅。美國方面曾經因為不滿中共持續地對中東、北韓，以及中亞國家，輸出核武技術及彈導飛彈，導致國會參眾兩院，有部份議員以此為理由，杯葛中共的PNTR案。今年九月間，中共的談判代表沙祖康與美國國安會及國防部的官員，曾分別在北京及華府進行有關反核武器擴散談判。中共方面雖然表示，其將認真的研究停止武器擴散的政策與措施。但是，根據美國中央情報局的機密調查報告顯示，中共與伊朗、北韓、利比亞、巴基斯坦等國家，仍然有密切的核武飛彈技術交流活動。然而，中共代表在與美方談判時，其亦要求美國停止對台灣出售先進的武器裝備，並以此換取中共與美國在反核武擴散議題上的合作。

第四、估計到二〇二〇年時，中國大陸的戴奧辛排放量將高居世界第一位。目前大陸的排放量佔世界總量的百分之十四，僅次於美國居第二位。美國必須正視雙方在有關環境保護的重大議題上，取得合作關係，才可能共同面對這項全球性的環保問題。

備忘錄一〇

亞太國家對「中國挑戰」的看法

時間：二〇〇〇年十二月三日

今年三月上旬，美國國防大學國家戰略研究所在華府舉行一年一度的「太平洋論壇」（Pacific Symposium），探討「亞洲人對中國崛起的面面觀」。這項研討會邀集代表澳大利亞、中共、印度、日本、韓國、新加坡、泰國、美國等亞太國家的學術界、實務界，以及軍方的人士，共同參與討論。研討會的主題包括：（一）瞭解亞太主要國家的外交及國家安全政策，將如何看待及因應中共的影響力崛起；（二）亞太主要國家如何考量中共的發展方向，對其未來政策所構成的影響；（三）亞太主要國家與美國在安全議題的合作關係，是否會受到中共崛起的因素影響而有所改變。這些議題與國家戰略研究中心目前正進行的兩項研究重點，包括：（一）美國在二十一世紀的全球軍力部署規劃；（二）崛起中的中共，其戰略意圖和軍事能力對亞太安全環境的影響等，有密切的關聯性。現謹將研討會結論報告，以要點分述如下：

第一、多數亞太國家的代表認為，美國的軍力與影響力，在下個世紀仍將繼續留在亞太地區，並發揮重要的作用。未來的十年，亞太國家仍將會目睹美國在經濟、科技，以及軍事領域的擴張，並維持主導亞太安全環境的軍事戰略部署。然而，也有為數不少的人士認為，亞太地區在未來十年將會朝向建構多邊性質的經濟與安全機制，藉以處理與規範此地區的龐雜難題。針對中共日益崛起的趨勢，亞太國家多數的代表都認為，中共將加速地擴展其實力及影響力，並逐步地抑制美國在亞太地區的發展，進而鞏固其在亞洲的領導地位。基本上，亞太地區主要國家均不願意看見一個崛起於區域內的主導勢力出現，因此對於來自區域外的平衡力量，並不排斥。

第二、從兩項重要指標觀察，中共意圖成為區域強權的態勢相當明顯。其一是中共正加速建立世界級的經濟和軍事能力；其二是中共正準備完成其國家統一的工作，包括收回台灣及南海諸島的主權。多數與會代表認為，中共將會成為區域的強權，但是其實現的過程會面臨相當嚴峻的挑戰。其中包括內部領導結構的矛盾、政治體制正當性的脆弱、社會缺乏凝聚共識的理念、東南沿海與內陸地區的發展差距日益擴大等難題。至於處理台灣和南海諸島的問題，多數與會人士認為，中共若強力的推動其意圖，將可能會引發此地區的軍事衝突與不穩定，並且嚴重地影響中共發展經濟建設的進程。目前中共對台灣仍然維持「和戰兩手」的平衡策略，但多數人士認為，在必要的時候中共將會採取軍事手段來完成「統一」的目標。

第三、多數的與會代表認為，中共在近期內尚不致於對亞太地區構成軍事性的威脅。然而其軍備及戰力提升的重點，主要是以針對處理台灣問題所需要的武力條件為考量。目前中共對外的軍事作為，都會考慮到其是否會對經濟發展造成影響。但是多數與會人士仍然相信，中共會儘量避免動用武力處理台灣問題。不過，有相當多的人士憂慮，台海地區可能因雙方對形勢的誤判，而導致軍事衝突。

第四、亞太地區的主要國家對於中共與美國的互動關係，經常處於一種週期性的變動，而感到相當的困惑。目前，亞太諸國最不願意面對的難題就是，當美國與中共爆發激烈的衝突時，亞太國家勢必要被迫選邊，而這個狀況將造成亞太國家，無所適從的窘境。因此，亞太主要國家大多希望美國與中共之間，能夠維持一種穩定、一致，而且可以預測的互動關係，使亞太國家軍事安全與外交政策，能夠在一個穩定的架構之內推動與發展。

第五、亞太地區主要國家的代表普遍支持中共加入世界貿易組織，並促使中國大陸融入世界經貿體系的規範之中。同時，多數代表普遍認為，兩岸均成為ＷＴＯ會員將有助於雙方化解歧見，尋求共同利益的基礎。此外，中共成為ＷＴＯ會員之後，將有助於維持與美國之間穩定的互動關係。

備忘錄一一

兩岸關係的「軍事因素」

時間：二〇〇〇年十二月十八日

十二月十五日，日本防衛廳通過下一個五年防衛計劃（二〇〇一－二〇〇五），其預計支出的國防經費高達兩千三佰三十億美元。此項防衛計劃決定興建兩艘輕型航空母艦，並且購買空中加油機。此外，代表中共軍方立場的「解放軍報」於十二月十八日指出，日本將在新世紀推動「外向型軍事戰略」，並積極進行「南進策略」，意圖在東南亞和南亞地區，發展軍事性的影響力。今年的十二月中旬，美國華府重要智庫「尼克森中心」（The Nixon Center），繼「蘭德公司」發佈有關台海議題的軍事因素研究報告之後，亦推出一份探討「東亞大國戰略議程」（A Big Power Agenda for East Asia: America, China, and Japan）的研究報告，文中針對中共與日本之間潛在的軍事對抗性議題，有相當程度的著墨。另外，對於台灣的角色亦開始從中共與日本之間的互動趨勢，給予特別重視。日前，美國智庫ＣＳＩＳ推出「二〇〇〇年台灣的總統大選：二十一世紀兩岸關係的第一個重大發展」研究報告，書中有一篇由中共軍方現役大校盧園（Luo Yuan）所撰的「兩岸關係的軍事因素」（Military Factors in Cross-Strait Relations）。現謹就尼克森中心及ＣＳＩＳ的兩份報告，以要點分述如下：

第一、中共與日本之間，自二次世界大戰所遺留下來的猜疑與仇視仍未化解。當日本逐漸有意恢復其在國家安全和軍事國防的自主性能力之際，中共方面對於日本與美國之間的各種國防安全同盟合作事項、美日兩國涉入台灣問題的動作與趨勢，以及「戰區飛彈防禦」的發展與部署等，都保持高度的戒心。

第二、面對日益在經濟實力和軍事能力展現崛起趨勢的中共，台北方面有意強化與美國和日本在國防安全上的合作關係，已經顯現相當的急迫感。但是，台灣海峽的僵局卻很可能會導致大國之間的衝突，並把美國捲入其中，一旦，台北方面誤判美國將會給予台北「空白支票式」的安全保證，進而推動「台灣獨立」；或者，北京方面誤判美國並沒有決心要維護「和平解決台灣問題」的原則與立場，進而採取軍事挑釁的冒進做法，這兩種誤判的狀況，都可能促使已經逐漸失去穩定的台海地區，陷入軍事衝突的危險。

第三、中共軍方的戰略研究部門評估，兩岸的軍力各有優劣。但是整體而言，共軍仍然佔有上風。在硬體軍備方面，共軍認為台灣的軍隊有四項缺點：（一）各項重要的武器系統無法有效整合運用，形成一種發揮聯合作戰戰力的戰鬥體；（二）軍事工業的產能無法為提升先進軍力，供應必要的新裝備，導致軍力無法面對戰場新特性層出不窮的挑戰；（三）台灣的地域缺乏足夠的空間，供作各項軍事運作操演之用；（四）台灣的各項重要的戰略性和戰術性設施，過於集中而且缺少有效的防護，導致整體戰力呈現出相當程度的脆弱性。

第四、共軍戰略研究部門評估，共軍在無形戰力方面的優勢超越台灣甚多；（一）共軍曾經有過多次與其他國家作戰的經驗，在作戰心理準備程度上，有相當的把握；（二）一旦台灣宣佈獨立，採取軍事行動的主動權操在共軍手中，中共可能隨時採取奇襲戰法，對台灣採取行動；（三）共軍將針對台灣獨立的舉動，全面動員人民的支持力量。不論是閃電戰奇襲或持久性的作戰，共軍認為其所獲得的支持意志，將超過台灣獨立所獲得的支持意志。

第五、中共方面認為，台獨人士有三種幻想：（一）既使台灣宣佈獨立，中共也不會對台採取軍事行動；（二）台灣獨立但只差正式宣佈的儀式，中共將會採取寬容的態度；（三）既使兩岸爆發軍事衝突，中共也未必一定贏。從中共高層領導針對台獨問題的連續發言顯示，「台獨意味戰爭」並非戲言，而中共針對「台獨」的軍事準備仍處持續增強的狀態。

備忘錄 一二

陳水扁政府「統合論」的策略因素

時間：二〇〇一年一月三日

去年十二月三十一日晚上八點半，陳水扁總統發表公開談話強調：「兩岸原是一家人，也有共存共榮的相同目標，既然希望生活在同一個屋簷下，就更應該要相互體諒，相互提攜，彼此不應該想要損害或消滅對方。我們要呼籲對岸的政府與領導人，尊重中華民國生存的空間與國際的尊嚴，公開放棄武力的威脅，以最大的氣度和前瞻的智慧，超越目前的爭執和僵局，從兩岸經貿與文化的統合開始著手，逐步建立兩岸之間的信任，進而共同尋求兩岸永久和平、政治統合的新架構……」。

陳水扁總統的「統合論」提出後，民進黨在一月三日的中常會上給予高度的肯定。黨主席謝長廷認為，「統合論」並未喪失台灣主體性，也未與民進黨的決議衝突；同時其在邏輯上並未必然變更現狀，所以也不需要經過公民投票來同意。目前，民進黨正密切注意國內輿情，以及大陸和美方的反應。研判民進黨政府此刻推出「統合論」做為化解兩岸僵局，並為自己的政經困境找出路，其關鍵性的策略因素如下：

第一、為回應台灣內部中產階級支持「維護中華民國憲政體制現狀」的主流民意、美方人士呼籲兩岸恢復對話的要求，以及中國大陸經濟發展磁吸效應的壓力，民進黨政府必須要將兩岸關係的政策位置，調整到「中間」，以爭取「統獨光譜」中，最大多數的支持群，並藉以延緩朝野攤牌的時間，而將決戰點拉後到年底的第五屆中央民意代表和縣市長選舉。

第二、「統合論」很顯然地已經將兩岸關係導向「合」的方向發展。由於中國大陸在經濟發展和綜合國力的提升，已經促使美國部份的國會議員和政府官員，對未來中共與美國在亞太地區形成戰略競爭的態勢，深懷戒心。一旦台灣也朝向大陸傾斜，則美國將喪失一個制衡中共的重要戰略據點。陳水扁政府在此刻推出「統合論」，似有意刺激美方思考其對華政策的策略，甚至在今年四月的「華美軍售會議」上，針對與「戰區飛彈防禦系統」有關的「神盾級驅逐艦」出售案，做出新的思考與決定，藉以拖住台灣，使其不致向中國大陸方面過度的傾斜。

備忘錄 一三

美國與中共關係的新考驗

時間：二〇〇一年一月十五日

美國總統當選人布希，即將於一月二十日正式就職，其對華政策的趨向，以及規劃和執行政策的關鍵性人事佈局，也成為亞洲主要媒體分析報導的重點。基本上，各界人士對於布希政府今後將採取「務實路線」的對華政策，具有相當程度的共識；同時，有不少美方專家表示，所謂美「中」朝向建設性戰略夥伴關係發展的虛偽性將被揭穿，取而代之的則是「合作性的交往加上有節制的競爭」。此外，大陸的美「中」問題專家則強調，美「中」之間「既聯合又鬥爭」的本質仍然不變；今後雙方雖然有必須合作的重大議題，但是在大陸加入WTO之後，美「中」之間將因更加密切而複雜的經貿議題，滋生出更多的意見分歧。今年一月十日，英文「日本時報」（Japan Times）刊載一篇，由美國智庫CSIS太平洋論壇主持人科沙（Ralph Cossa）撰稿，針對美「中」關係新考驗，提出深入淺出的剖析，現謹就其要點分述如下：

第一、在布希總統執政的未來四年間，美「中」關係最緊迫的考驗之一，就是一旦中共在毫無預警的狀況下，對台灣採取軍事行動。這項軍事冒進措施將嚴厲地考驗美國在亞洲和世界上的「信用」。柯林頓政府以派遣兩支航空母艦戰鬥群，做為回應中共對台武力挑釁的展示；

可以預見，布希政府將會以更為明確而堅定的行動，來嚇阻中共對台灣的軍事冒險。對於北京方面而言，布希政府這種比柯林頓政府明確的態度，已不容北京輕忽。

第二、今後，布希政府將會面臨更多來自國內的壓力，要求其不再重申，柯林頓總統於一九九八年在上海所提出的「三不政策」。尤其是針對中共方面在兩岸加入世界貿易組織的議題上，中共曾經意圖將台灣的入會案與「三不政策」掛鉤，製造「一國兩制」國際制度化的效果。布希政府原則上將支持台北以「台澎金馬關稅區」的名義加入WTO，但是對於中共所提出以「中國的台澎金馬關稅區」名義，做為接受台北入會的條件，也將直接衝擊到美「中」的關係。

第三、朝鮮半島的議題是進一步促使美「中」邁向合作或者導致衝突的重要關鍵。目前南韓總統金大中已正式呼籲重開「四邊會談」，要求南北韓及美國和中共等四方，坐下來就有關朝鮮半島的和平問題，進行面對面的討論。尤其是針對美國在朝鮮半島駐軍的議題，目前南北韓都表示歡迎美軍以維和部隊的名義留在朝鮮半島，而中共的態度則尚未明朗。這項攸關南北朝鮮是否能夠達成進一步合作的重大議題，也將為美「中」的新關係帶來考驗。

第四、布希政府與中共之間另一個重大的衝突性議題是「彈導飛彈技術擴散」。去年十一月，中共曾經公開的宣示，其將遵守「彈導飛彈技術管制規範」（MTCR）的精神，減少對外輸出彈導飛彈及其技術。但是，倘若布希政府在其他的重大議題上，與中共方面發生重大的

備忘錄一四

飛彈防衛與中共

時間：二〇〇一年二月六日

曾任美國駐北京國防武官的卸任海軍少將麥立凱（Eric A. McVadon），於二月五日晚間，在台北「美國在台協會文化新聞中心」，發表有關「東北亞戰區飛彈防禦」的專題演講。麥將軍強調中共方面不斷地增加M—九、M—十一，以及東風二十一型短程和中程的彈導飛彈部署，是促使美國、日本，以及台灣方面，積極考慮強化飛彈防衛能力的主因。然而，飛彈防衛能力的發展也將引發東亞諸國的軍備競賽，並導致亞太地區的緊張情勢。目前，這種兩難的局面，已經引起布希政府的注意，進而採取更加審慎的態度，來處理有關飛彈防衛的軍售問題。麥將軍表示，美國當局應考慮採取新的思維，跳出這種無解的兩難困局，加強與中國大陸的領導階層和戰略規劃者溝通，促使其瞭解以飛彈攻擊東亞其他地區，其最大的受害者是中國大陸本身。因為，大陸的經濟發展將受到嚴重損失，而「中國」在國際社會意圖營造的大國角色與地位，也會受到嚴重的傷害。鑑於飛彈防衛議題的重要性，現謹將華府智庫外交政策研究中心（Foreign Policy In Focus）於今年一月間所發表的專題研析，以要點分述如下：

第一、「台灣問題」是中共方面考量美國在東亞地區部署戰區飛彈防衛系統（TMD），以及在美國本土部署全國飛彈防衛系統（ＮＭＤ），對其所造成戰略利益衝擊的核心議題。北京當局認為，目前唯有堅持不放棄使用武力解決台灣問題的策略，才能夠遏止台獨。一旦美國在東亞地區部署ＴＭＤ，並將台灣納入其中，則會導致鼓勵台灣走向獨立道路的效果。因為，這種實質性的軍事同盟關係，將迫使北京與華府之間，因處理台灣問題的爭執，而導致嚴重的軍事對立。

第二、美國與日本合作發展戰區飛彈防禦系統的動作，已經被北京方面解讀成美日軍事同盟的具體強化措施。雖然美日兩國同時強調，其共同發展飛彈防禦體系，主要是為防範北韓的彈導飛彈威脅。然而，北京方面卻寧願相信，美日的飛彈防衛計劃是針對中國大陸設計的，而最近美日積極研發的海基型飛彈防禦體系，則有可能會構成隱性納入台灣的ＴＭＤ。一旦這項計劃逐步的落實，當台海地區發生軍事衝突時，日本也將會被捲入其中。

第三、中共方面目前正積極地推動軍備的更新，以及準備打贏「高技術局部戰爭」的能力。此外，美國的戰略規劃人員，對於中共憑藉其經濟實力的增強，而認真地發展戰略性核武嚇阻能力的意圖及行動，亦深具戒心。到目前為止，中共的核武打擊能力對美國而言，其威脅性並不高，而ＮＭＤ的部署可能會迫使中共方面，轉而強化其洲際核武彈導飛彈的實力，以維持其基本的戰略嚇阻力量。因此，一場以發展洲際核武彈導飛彈為主的軍備競賽，勢將無法避免。

第四、基於考量中國大陸的綜合國力，隨著其經濟發展的程度而不斷提升之際，美國在規劃其TMD及NMD的部署，以及整體性的戰略佈局時，有必要認真地將中共方面，對於這項戰略性作為的反應，納入重要變數的考量。一旦中共方面藉著美日合作發展飛彈防禦體系的理由，而強化與俄羅斯、伊朗、伊拉克、北韓等國家的核武及飛彈技術轉移合作。屆時美日的軍事同盟是否準備與中俄等國家進行對抗？一旦中共方面認為美國將台灣納入TMD的體系，同時用NMD來抵銷中共對美國的核武彈導飛彈嚇阻能力，進而間接鼓勵台灣獨立，並挑動新疆、西藏等地區的分離勢力，屆時美國是否準備為支持台灣獨立，而與中共發生正面的軍事衝突？這兩項迫切必須認真而且審慎思考的戰略性兩難問題，將會嚴肅地考驗布希政府的智慧。

備忘錄一五

布希政府應如何對待中共

時間：二〇〇一年二月十九日

二月中旬，包括前美國國家安全顧問雷克、副顧問史坦柏格，以及剛卸任的美國國務院東亞事務助卿陸士達等，均應邀出席在台北舉行的「情報橋國際學術研討會」（The Intellibridge Conference）。這三位重要的政策人士，對於布希政府的「中國政策」走向，出現相當程度的分歧意見。然而，三位人士都認為，布希政府的對華政策仍處於審慎蘊釀的過程中。今年四月間的「華美軍售會談」，將是反映政策動向的試金石。一月間美國夏威夷的「東西文化中心」，舉辦一場聚集亞洲企業領袖的研討會。剛卸任的美國東亞事務副助卿謝淑麗，以「布希政府應如何對待中共」為題，發表專題報告。由於謝淑麗博士長期研究「中國問題」，而且其所主持的加州大學「全球衝突與和平研究中心」，更是美國西海岸重要的智庫之一。因此，其所提出的政策論點，殊值重視。現謹就其報告內容，以要點分述如下：

第一、美國與中共的互動關係，經過「南國使館誤炸事件」的衝擊之後，現已逐步地回復到建設性的互動軌道上。基本上，美「中」雙方在共同處理有關核武擴散、加入世貿組織，以及朝鮮半島的議題，都具有相當重要的共同利益。同時，在過去的一年半以來，雙方以合作的態度，防止核武及彈導飛彈技術的擴散、積極推動加入世貿組織和爭取獲得「永久性正常貿易關係」，以及促進南北韓的和解與對話等，均取得相當程度的成果。

第二、儘管美「中」的互動有回到正面軌道發展的傾向，但是，雙方之間對於如何處理「台灣問題」、「人權議題」，以及「全國飛彈防禦體系」等，仍舊面臨相當嚴峻的挑戰。目前台海地區是名列全球前五的潛在衝突熱點之一，而兩岸關係也正處於相當複雜而不確定的狀態。若從兩岸經貿互動、小三通的推動，以及投資持續熱絡的角度觀之，一旦兩岸雙方先後加入WTO，即可藉此經貿互動的架構，進一步推動政治性的對話與和解。然而，就目前台灣是由主張「台灣獨立」的民進黨執政，而兩岸雙方嚴重地缺少互信基礎，兩岸關係的僵局與緊張程度，隨著大陸內部民族主義情緒的上升，而處於相當不穩定的情況。布希政府面對此複雜而敏感的問題，應妥慎採取三項原則，以防範「台灣問題」失控，迫使美國捲入其中：（一）持續敦促兩岸當局恢復正常的對話，並促使國會人士瞭解，台海兩岸恢復對話，最能符合美國的國家利益；（二）美國政府應盡力維持一個穩定而一貫的對華政策，並以同樣的立場與原則，處理與兩岸之間的互動關係；（三）美國對台軍售的議題，一直都是最敏感而且複雜的難題。根據「台灣關係法」，美國有義務維持台灣正當防衛的軍事能力，但是若干武器的銷售卻會引發中共的激烈反應，並且導致台海甚至亞洲地區的軍備競賽。因此，美國政府有必要促使台灣方面瞭解，台灣的安全並不是依賴武器，而是要憑藉美軍在亞太地區的部署，以及台灣如何與大陸之間，就雙方的互動關係，取得一個「臨時性協議」（modus vivendi）的架構。就整體而言，美國若出售敏感性的軍事裝備給台灣，只會造成此地區更加複雜與困難的情況，對維護台灣的安全，並沒有真正的幫助。

第三、雖然美國與中共間的互動仍存有諸多挑戰，但是，在新任的國務院東亞事務助卿凱利（James Kelly），以及國防部長、國務卿等國家安全領域的歷練豐富人士主導下，美「中」之間仍會維持以交往為主的互動軌道。畢竟，單純運用圍堵的方式，以對抗性的思維來推動新政府的「中國政策」，只會為美國樹立一個敵人，並增加美國推展其外交政策的阻力。布希政府應該認真鼓勵「中國」成為一個願意擔負國際責任的「大國」，同時並積極促使其融入國際經貿體系的規範之中，這樣才是符合美國國家利益的正確道路。

備忘錄 一六

美日戰略對話中的「台灣議題」

時間：二〇〇一年三月一日

去年的美國總統大選期間，共和黨陣營在有關國家安全和亞太國防戰略議題，刻意突顯美國與日本將強化雙方的戰略對話，以及軍事同盟的重要性。事實上，透過「日本基金會」和「美日基金會」的運作，有一群來自美日兩國的國防安全及亞太戰略專家學者，在二〇〇〇年六月，即組成研究對話團隊，探討新世紀的美日安全戰略互動新架構。這也是繼一九九五—一九九七年，美日推出「新防衛合作指針」前，雙方進行第一次深入戰略對話之後，所舉辦的第二次全面性戰略對話。由於雙方的代表均屬重量級的策士和官員，尤其是來自美國的人士，在布希就職之後，已經紛紛進駐包括白宮國安會、國防部、國務院等部門，並接掌有關亞太地區的事務。今年的一月十五日，「美日基金會」在東京，以公開對話的方式，將此戰略研究對話小組的觀點發表。現謹針點「台灣議題」的部份，以要點分述如下：

第一、美日兩國在台灣議題上擁有基本的共同利益。換言之，美日均堅持台海的問題，以及中共與台灣之間的分歧，必須以和平的手段解決。美日兩國堅決反對台海雙方使用武力方式，解決彼此的爭議。然而美日將不排除運用武力，來阻止台海雙方使用武力。

第二、除非中共方面使用武力強行攻佔台灣，或者中國大陸在實行民主化之後，以民主方式統一台灣。以目前的狀況觀之，美日兩國均很難看出台海兩岸有立即統一的條件。因此美日均以維持最低成本的觀點，認為兩岸關係以「不統不獨」的現狀，最為有利。因為這種現狀一旦改變，將迫使美日付出金錢的代價，或者將破壞其他必須與中共採取合作立場，才能夠保有的區域性利益，其中包括：朝鮮半島、南中國海、甚至於中國大陸內部的基本穩定。

第三、中共在亞太地區，甚至整個世界政經舞台上，日益展現其重要性和影響力，已經是無法漠視的趨勢。不過中共政權在其內部的統治正當性逐漸弱化的狀況下，有突顯民族主義以強化內部凝聚力的傾向。因此，面對台灣內部運用民主化的機制，朝向自主獨立方向發展之際，中共方面將強調拿回台灣的重要性。同時，此也促使中共方面嚴肅地考慮運用武力，以解決台灣問題。而這種發展趨勢也正是美日兩國必須認真對待的挑戰。

第四、當美國與中共在亞太地區已經逐漸形成戰略競爭的態勢時，美日兩國的軍事同盟架構，有必要提升台灣角色的份量。但是，美日兩國均必須認知，台灣的重要性並不足以升高到軍事同盟者的地位，因為這種狀況將會帶來嚴重的政治問題。此外，從九六年台海飛彈危機時所暴露出，日本與美國軍事同盟關係的不對稱性，也是當前美日間深化戰略對話時必須正視的議題。面對日益崛起的中共，美國、日本，與中共並不是如同季辛吉所描述的三角關係。美日軍事同盟與戰略對話的關係，將構成「美日」與中共之間的雙邊關係。

第五、倘若中國大陸與台灣結合為一體，則整個南中國海將變為真正的中國海。由於南中國海是許多亞洲國家的重要航道。一旦其成為完全由「中國」所控制的海域，則將會對亞太的戰略環境與結構，造成巨大的變化。首先是泰國，其會選擇中立的立場，而新加坡的政策也將會做出向「中國」傾斜的選擇。由此觀之，當中國大陸與台灣結合成為一體時，將會衍生極為嚴重的戰略性問題，此也是美日持續進行戰略對話，所必須密切關注的重點。

第六、美日兩國必須認知，中共方面目前容忍台海以「維持現狀」的形勢存在，並不表示中共不想「統一台灣」。對於中共而言，所謂「現狀」（Status Quo）就是表示等待「統一台灣」的時機到來。

備忘錄一七

美國與中共關係趨向複雜

時間：二〇〇一年三月十五日

為因應美國政府準備部署國家飛彈防禦系統（NMD）的新形勢，中共中央政治局決定設立「對美工作領導小組」，並由胡錦濤出任組長，副組長為錢其琛、張萬年，以及羅幹。其他成員還包括軍事、外交、國安等部門的負責人總共十七人。隨著美國國會及情報單位相繼披露，中共仍然與伊拉克、伊朗、巴基斯坦、北韓等國家，保持密切的軍事技術合作關係之後，美「中」關係再度陷入複雜的僵持。此外，由於四月間的華美軍售會議在即，美國政府內部正對「軍售台灣」一事，進行「既深且強的辯論」。基本上，布希政府內部在對台軍售上，分為兩派，一派基於美國的商業利益主張與中共加強交往，對台灣的需求則較不熱心；另一派則視中共為美國下一波的主要威脅，甚至把中共當作「明顯而立即的危險」。這兩股力量的競逐也將促使美國與中共的關係，更趨向複雜。三月十五日發行的「遠東經濟評論」以深度專題報導，突顯出美「中」互動趨勢的特性，現謹將其內容，以要點分述如下：

第一、新上任的布希總統在今年三月下旬的「聯合國人權大會」上，公開支持譴責中國大陸人權狀況的決議，已經為原已相當脆弱的美「中」關係，增添了破壞性的氣氛。隨即在今年四月間，華府將決定是否出售先進的武器給台灣，而這項軍售的決定將具有象徵性支持台灣新政府，或者有意刺激中共政權的指標意義。此外，在六月上旬，美國國會、布希政府必須決定，是否給予延長中共的「正常貿易關係」地位，而這項考驗也將牽動，意圖將中國大陸納入世貿組織國際經貿規範的策略。到目前為止，布希政府還沒有明確地揭示，其將如何處理前述的議題。然而，可以預見的是，一旦美國做出不利於中共的決定，大陸方面也將會有激烈的報復性行動。

第二、「台灣問題」一直是美國與中共間，最敏感而棘手的難題。對於美國是否會出售神盾級驅逐艦，以及先進的愛國者三型反飛彈武器，將直接考驗布希政府的「中國政策」。目前布希政府的國家安全事務團隊中，包括阿米塔吉和伍佛維茲，都曾經公開主張，美國應特別重視其與日本的軍事同盟關係，並藉此來平衡日益崛起的中共力量；同時，其亦主張將台灣納入此軍事同盟機制，並出售給台灣戰區飛彈防禦系統相關的先進武器。然而，以老布希總統、季辛吉、史考克羅等為首的資深團隊，再加上國務卿鮑爾及國家安全顧問萊斯，近日以來均公開強調，美國需要增加誘使中國大陸步向自由經濟和實行民主政治的努力，使中國大陸能夠朝向建設性的方向發展。

第三、中共副總理錢其琛訂於三月十九日至二十一日訪問美國，其勢必會針對美「中」間的各項重大議題，與布希政府的團隊交換意見。在共和黨內有不少策士認為，布希政府應藉此機會向中共表示，大陸方面不必一味地要求美國在對台軍售的議題上節制。基本上，一旦中共積極地與台北方面恢復對話協商的管道，並改善兩岸間緊張的政治氣氛，則對台軍售議題的迫切性，也會相對地舒緩。然而，令人遺憾的是，近日中共當局宣佈增加高達百分之十七點七的軍費支出，此無異是向台北及華府發出示警的訊息。

第四、目前亞太地區的主要國家都擔心，一旦美國與中共間爆發軍事衝突，或者雙方關係陷入嚴重的僵持局面，亞太國家都將無法置身事外。因此，亞太國家普遍認為，美國政府不應該一味地要求其亞太盟邦支持其對華政策，而忽略掉亞太國家將真接面對中共崛起壓力的事實。

第五、今年的上半年，美國與中共的互動關係將面臨人權、軍售、經貿等議題的衝擊。然而，在今年的下半年，雙方也可藉北京中辦奧運、十月的亞太經合會領袖高峰會等機會，讓美「中」雙方藉互動合作，以增進雙方的建設性關係。整體而言，美國與中共的關係將趨向複雜與不確定。

備忘錄一八

第八屆CSIS台北圓桌會議的觀察

時間：二〇〇一年三月二十一日

三月二十一日，由美國華府重要智庫「戰略與國際研究中心」，與中國信託商業銀行聯合主辦的「第八屆CSIS台北圓桌會議」，在台北正式召開。據瞭解，每年的台北圓桌會議都具有美國國務院、國防部、中情局，以及白宮國安會，為蒐集資訊，傳達政策思維，並藉此場合與台北的朝野人士和意見領袖，交換看法的功能。今年來台的兩位重要人士包括CSIS亞洲部門主任江文漢博士和前國防部副助理部長坎貝爾博士。現謹將其論述要點分述如下：

第一、當前亞洲的安全環境中，有三個影響亞洲和平與穩定的主要挑戰，包括朝鮮半島變局、台海緊張形勢，以及印度與巴基斯坦的核武競賽；有三個主要的不確定因素，包括中共的崛起與擴張、日本政經改革的失敗，以及布希政府亞洲政策的走向；有三件影響深遠的事件，包括去年在台灣的總統選舉結果、印尼的動亂情勢，以及南北朝鮮舉行的高峰會議。

第二、台北—北京—華府的互動關係走向，將會受到多項具體事件的牽動，包括今年三月間的聯合國人權大會、四月間的「華美軍售會議」、五月間陳水扁總統過境美國及李登輝先生訪美並過境日本、七月間有關北京申辦二〇〇八年奧林匹克運動會決議、十月間的上海APE

C峰會以及布希總統的大陸行、十二月間台灣的立委縣市長選舉、二〇〇二年的中共十六大會議，以及二〇〇二年美國國會期中選舉等的影響。

第三、促使台北—北京—華府的三邊關係進入協調互動的軌道，有三項主要的變動因素必須審慎考量，包括（一）台北內部的政局正陷入政黨相互傾軋的混沌形勢，當台北的政局持續地呈現缺乏基本共識的狀態，很可能會促使華府與北京的相關部門，進行更為密切的合作與互動，藉以確保台海地區的穩定與可預測性；（二）北京領導高層在中共十六大來臨之際，將會展開激烈的權力競逐，「台灣問題」也會成為借題發揮的材料。北京方面觀察台北內部的脆弱性上升，而布希政府有意減少「戰略性模糊」的機率亦增高之際，可能促使北京對台北採取更直接的壓迫行動；（三）新一代的軍事科技，正促使美國加速在亞太地區推動新安全架構、戰略戰術指導綱領，以及軍力部署的規劃與調整。台北方面為了跟上美軍的調整腳步，亦要求美方提供新的武器裝備與戰略戰術指導綱領。然而，台北的要求和華府相應的支援軍售措施，將可能會挑起台海兩岸的軍備競賽，並造成台北—北京—華府三邊的緊張形勢。

備忘錄一九

美國與中共將如何開啟冷戰

時間：二〇〇一年四月十九日

四月一日，美國與中共的軍機在南中國海上空發生碰撞事件，有一架中共的殲八型戰機墜毀機員失蹤，而美國的EP－3型電子偵察機和二十四位機員也迫降海南島的凌水軍用機場。四月十一日，中共當局宣佈送回全體美國軍機組員，而美「中」雙方也將針對如何處理扣留的飛機，和中共方面損失一架戰機及飛行員失蹤等事宜，於四月十八日進行正式的雙邊協商。四月十三日，布希總統在白宮以措辭嚴厲的語氣，強調「軍機碰撞事件」的責任屬中共軍機的過失。隨後中共外交部既發表聲明指出，「中」方堅持美國必須道歉的立場，而江澤民亦公開強調此原則絕不會退讓。自四月一日至四月十三日間的戲劇性轉折，多數華府智庫的專家和國際重要媒體的專題報告普遍認為，美國與中共在西太平洋地區，已經逐漸形成戰略利益競逐的態勢。今後，雙方之間類似「軍機碰撞事件」的磨擦將有增無減。倘若美國與中共之間無法透過協商對話的方式，有效地建立相互尊重的互動規範，屆時，雙方亟可能在不斷昇高的磨擦及緊張衝突事件下，演變出「新冷戰」的局面。四月十二日及四月十九日發行的「遠東經濟評論」，以及最新出版的「美國商業周刊」，既針對美「中」開啟冷戰的可能性，提出分析報導，其要點如下：

第一、北京當局決定扣留美國飛機並堅決要求美國道歉，此反映出其領導階層有意藉此強硬立場，向美國及亞洲國家展現，「中國」在亞洲具有領導地位，其對於維持地區的穩定與和平，位居關鍵性的角色。同時，中共當局認為，美國在亞太地區的駐軍及其與各國的軍事合作關係，包括「美日防衛合作指針」、戰區飛彈防禦系統的部署、對台軍售等，都視為其解決「台灣問題」，以及取得南中國海戰略縱深優勢的障礙；美國也將因中共在亞太地區的軍力和影響力日益強化，而備感不安。據此觀之，美國與中共開啟「新冷戰」的根源，主要來自於美國與中共之間，在亞太地區的戰略利益競逐。這次雙方在南中國海上空發生的軍機擦撞事件，只是冰山一角。事實上，美軍已在去年間開始調整其在西太平洋的軍力及戰略部署，其目的即是為維持美國在此地區的領導地位與實力。

第二、布希政府的國家安全團隊中，包括國防部副部長伍佛維茲、副國務卿阿米塔吉，以及前國務卿舒茲等人士，均一再強調美國不必過度的誇大「中國」的戰略地位及重要性。同時，這些人士認為美國應加強與日本和南韓的軍事同盟關係，並要求日本和南韓擔負更重要的責任。然而，這次的軍機擦撞事件很顯然已經促使布希政府瞭解，「中國」在亞太地區所擁有的份量非其他國家所能及，而美國與「中國」之間的互動趨勢將具體的影響美國的國家利益。此間，多位具有代表性的專家，包括約翰霍普金斯大學的曼登堡教授既表示，今後的美「中」

互動關係道路將相當的艱困，絕非坦途。

第三、這次的軍機擦撞事件已經挑起了美國與「中國」內部各自的民族主義情緒。目前華府方面可以祭出的招數包括：軍售台灣、遏制「中國」、緊縮對美貿易的條件、不支持北京申辦二〇〇八年奧運會，以及杯葛十月間在上海舉行的亞太經合會領袖高峰會議。一旦美國與中共在四月十八日的協商過程中爆發激烈的對峙局面，其將促使雙方各自採取高姿態的強硬立場。倘若美國方面藉「對台軍售議題」、ＰＮＴＲ議題、杯葛ＡＰＥＣ議題等，向中共方面施壓，其將引爆中共內部強硬派的對立情緒，並迫使一向主張以經濟發展需要和諧國際環境的溫和派人士，喪失據理力爭的立場。正如同前任白宮國安會亞洲部門資深主任包道格所言，美國與中共之間原本就已經相當脆弱的互動基礎，將因此而陷入空前緊張的形勢。

備忘錄二〇 美國對台軍售的兩難

時間：二〇〇一年四月二十四日

美國是否應出售「戰略性武器」給台灣？這個議題隨著布希政府國家安全團隊的組成、中共副總理錢其琛赴美，以及日益接近的「華美軍售會談」等，已經成為華府政策圈和智庫界辯論的重要項目之一。基本上，四月下旬美國決定對台軍售清單的內容，將披露出布希政府對華政策的意向，甚至其也將藉此機會，舖陳出華府對整個東亞安全政策的輪廓。目前，布希政府的國家安全團隊，已經公開表示支持建構「國家飛彈防禦系統」，而對台軍售清單中考慮的項目，亦包括與NMD有關聯性的「戰略性武器」，此也正是中共方面不惜與美國翻臉並亟力反對的重點。目前，布希政府的決策團隊正陷入兩難的決策困境。今年的三月二十二日和三月二十三日，美國公共電視台「有話直說」節目及華府智庫布魯金斯研究所，分別以專題報導方式，相當深入地剖析這種兩難困境，並試圖提出解套建議。現謹將其要點，分述如下：

第一、由於中共方面不斷地增加針對台灣的短程彈導飛彈部署，目前的數量已經接近二五〇枚至三〇〇枚左右。美國依據「台灣關係法」的內涵，有義務關切這項對台灣安全的威脅性發展動向。台灣方面主動提出要求購買四艘神盾雷達作戰系統的驅逐艦，既是為因應這項彈導飛彈的威脅。然而，中共方面認為，美國若出售神盾級驅逐艦給台灣，既表示美國有意與台灣建立準軍事同盟關係，所以必須堅決的反對，甚至不惜採取激烈的反應措施。

第二、美國國務卿鮑爾表示，美國必須以務實的態度來看待美國與中共的關係；雙方既非敵人，亦非戰略夥伴；基本上，雙方是貿易夥伴，也是區域性利益的競爭者。目前華府決策圈對待中共的主流意見認為，「我們不必喜歡他們，但我們必須與他們共同處理重大的議題」。基於這種決策思維，布希政府一方面會持續地呼籲中共當局，減少針對台灣的短程彈導飛彈部署，同時，其由於考量到中共在其他重要議題上的舉措，將具體地影響到美國的國家利益，因此，對於可能導致中共與美國翻臉的神盾艦軍售案，美國將傾向於採取「有條件延緩決定」的方式，避開與中共方面直接衝突的局面。

第三、美國延緩決定是否出售神盾艦給台灣的同時，確實有必要加強台灣的反潛作戰及反封鎖作戰的能力。此外，對於美台雙方相當低調但密切的戰略性對話，以及其他有關軍事性的互動與合作，也必須逐步地加強推動。美國這種有系統、有計劃地強化台灣防衛力量措施，等於是間接地告訴中共方面，美國有義務維持台灣正當的防衛能力；同時也告訴兩岸雙方，軍備競賽並不足以解決台海間的分歧難題。兩岸之間應增加經濟上與政治上的交流互動，並進一步培養互信基礎，如此才能夠找到化解兩岸僵局的妥善良方。

第四、二○○二年的中共十六大即將到來，北京領導階層間的權力鬥爭也將日趨激烈。

對於一群相當缺乏自信心的中共領導高層而言，「台灣問題」將成為其可藉以發揮民族主義情緒的題材。當前有關對台出售「戰略性武器」的議題，很容易地就可以被解釋成，美國有意阻撓中國統一的大業；或者表示美國支持台灣獨立的選擇，屆時也將迫使中共領導層中務實派人士，必須採取強硬的態度，導致兩岸僵局惡化，而美國與中共的關係也將更加趨向緊張。對於包括日本、韓國，以及東南亞國家而言，這種緊張情勢的惡化，也將明顯地影響到他們的安全與利益。

備忘錄二二

美國決定對台軍售的迴響

時間：二〇〇一年五月一日

四月二十四日，美國政府在年度「華美軍售會議」中，正式告知我國代表團表示，美方延緩決定是否將出售四艘配備神盾級雷達作戰系統的驅逐艦。同時，美方決定售給我國八艘柴電動力潛艦、四艘紀德級驅逐艦、十二架反潛機等武器，以及定期向我國匯報關於愛國者三型反彈導飛彈技術的研發進度。同一天，美國總統布希在接受電視台專訪時表示：「美國將盡全力幫助台灣保衛她自己」（Whatever it took to help Taiwan defend herself）。此外，布希總統在接受「華盛頓郵報」訪問時亦指出，這一次的對台軍售決定與內容相當平衡，其即不至於激起中共方面爆炸性的反彈，同時也符合「台灣關係法」的內涵與精神，提供台灣方面正當的防衛能力。然而，隨著美國對台軍售內容披露之後，中共官方媒體包括光明日報、新華社，以及解放軍報等，相繼以措辭嚴厲的語調表示，「美國對台軍售將助長台獨勢力，台灣靠購武抗拒統一，只能為台灣帶來災難性後果」。四月二十四日及二十五日，美國布魯金斯研究所的歐漢龍（Michael O'Hanlon）及戰略與國際研究中心的坎貝爾（Kurt M. Campbell），相繼在華盛頓郵報發表專論，針對這次布希總統的對台軍售決定，提出專業性的看法，其要點如下：

第一、這項軍售的內容具體強化台灣海軍的反潛作戰能力和反封鎖戰力。同時，對於布希總統延緩決定是否出售神盾級驅逐艦，並將視中共方面對台部署彈導飛彈的程度，再進一步決定出售的策略，是一種相當平衡的作法。至於美國將如何解決，出售本國已經不再生產的柴電動力潛艦問題，確實是一項挑戰。不過，有若干人士指出，美國政府可以考慮將已經封存的洛杉磯級核子動力潛艦，用租售的方式，供給台灣海軍使用，以解決台灣海軍無法自其他國家購得柴電動力潛艦的難題。

第二、美國對台軍售並不會促進美國或台灣展開攻擊中國大陸的軍事行動。至於中共方面，當其認定美國對台軍售具體地促使台灣，朝向台灣獨立的道路前進，則中共極可能採取軍事行動攻擊台灣，而這種發展的趨勢也必須要靠美國有效的節制對台軍售的行為，才可能求取一個和平互動的均衡點。

第三、由於近五年以來，中共軍方所進行的建軍備戰工作，有相當程度的比例，是實際強化對台作戰能力的措施，其中包括短程及中程的彈導飛彈、潛艦，以及戰鬥機。事實上，自九五—九六年台海飛彈危機以來，美國國防部及情報機構的專家們開始質疑，一旦台灣與中國大陸之間爆發軍事衝突危機時，台灣的軍隊將會採取何種方式因應。美國方面為了要填補這個戰略性的盲點，即從柯林頓政府時期開始，密集地與台灣的軍方人士，透過非官方及幕後運作的方式，進行深度的戰略對話。這一次布希政府所決定的軍售內容，亦包括了更為密集與深入的戰略對話，而這種互動的重要性不下於軍事裝備硬體的出售。

第四、今後美軍與台灣軍方之間，透過戰略性的對話，可以促使美國軍方達到下列的效果：（一）台灣的軍隊在西太平洋地區具有相當重要的地位，因此增加與台灣軍隊的接觸與瞭解，符合美國在西太平洋的戰略利益；（二）當台灣軍方在接受這此硬體裝備時，其同時也必須強化人員的訓練及與美軍的互動，因此，這次的軍售內容可以達到這項效果；（三）瞭解台灣軍隊在戰爭爆發時可能採取的因應方案，其將有助於美軍規劃部署在西太平洋地區的整體戰略，以及一旦台海爆發軍事衝突的應變方案；（四）當北京方面對這次軍售案的反彈告一段落之後，台北、北京，以及華府三方面的軍方人士，可以嚐試透過更多的對話與接觸，進而逐步地建立軍事互信對話機制，以為西太平洋地區的和平與穩定，貢獻力量。

備忘錄二二

中共與俄羅斯關係趨向複雜

時間：二〇〇一年五月十日

五月一日，美國總統布希在國防大學發表演說，表示美國將致力研發飛彈防禦體系，以保護美國本土、盟邦國家，以及駐在世界各地美軍的安全。布希總統並強調，俄羅斯與美國正面臨新的安全威脅，因此，其呼籲俄羅斯與美國共同合作開發飛彈防禦的科技，以掌握機會創造一個更安全的環境。五月八日，美國國防部長倫斯斐德指出，布希政府目前對飛彈防禦計劃，尚未有「既定不移」的構想。美國將在諮詢俄羅斯、中國大陸，以及美國盟邦之後，從十二個不同面向探討飛彈防禦計劃。在此同時，美國並派出副國務卿、國防部副部長、國安會副顧問等人士，前往各主要國家說明美國的計劃。然而，經過一周的特使穿梭，美國還是無法說服一些國家，對戰略平衡和軍備競賽的疑懼。俄羅斯的將領即表示，如果美國逕行部署飛彈防禦系統，俄羅斯也將祭出各種反制的措施。不過，目前也有跡象顯示，莫斯科正在爭取扮演飛彈防禦系統中，比較重要的角色。而這也將使俄羅斯與美國的關係更密切，並可能使中共感到孤立。四月下旬「太平洋論壇」（Pacific Forum CSIS）的東亞雙邊關係電子報，刊載一篇「中共與俄羅斯互動趨勢」的分析報告，文中對於日益複雜的美國、俄羅斯、中共戰略三角關係，有深度的剖析，其要點如下：

第一、儘管中共與俄羅斯之間長期都是處於相互猜疑的狀態，同時雙方各自內部的政治體系，以及外部的經濟利益競爭，都傾向於導致中共與俄羅斯處在一種對立競爭的格局。然而，自從布希政府上任以後，除了大力鼓吹部署飛彈防禦體系外，並且在防止核生化武器擴散、人權議題、區域安全等項目，提出主動積極的行動構想。這些刺激因素已經為中共與俄羅斯，在未來的二十年間，創造出提升雙邊軍事性合作關係的氣氛與情境。

第二、目前中共與俄羅斯正在進行有關全面性合作夥伴關係的協商。對俄羅斯而言，其將可以獲得亞太邊界的和平與穩定，並進而能夠較篤定地與歐洲國家週旋。就中共的角度觀之，這項全面性合作夥伴關係的建立，將有助於防阻俄羅斯與美國之間，在飛彈防禦計劃的議題上達成協議。至少俄羅斯可以採取中立的態度，以避免中共陷入一種完全被包圍的處境。然而，中共所推動的經濟改革措施，以及俄羅斯所進行的國家復興計劃，都需要與西方國家在經貿領域的互動與合作。因此，這也導致了中共與俄羅斯在發展雙邊關係時，出現相當程度的局限性與複雜性。

第三、中共與俄羅斯在面對美國積極推動飛彈防禦計劃下，由於受到自身軍備能力條件的影響，將可能導致雙方的合作基礎產生鬆動。就俄羅斯而言，其擁有龐大數量的核武飛彈，因此，對於美國部署飛彈防禦的威脅性，並不會像中共所感受得如此強烈。換言之，當中共正憂慮其洲際彈導飛彈的嚇阻能力，將被美國的飛彈防禦體系抵銷，而陷入戰略困局之際，俄羅斯反而因為擁有足夠的核武嚇阻能力，而顯得較有彈性與優勢。這種不對稱的關係可能會造成中共與俄羅斯，在協商簽署全面性合作夥伴關係的障礙。

第四、中共對於俄羅斯與印度之間的軍事合作關係有戒心。今年二月中旬，莫斯科與新德里簽署一項十億美元的軍火交易，由俄羅斯提供三百一十部T－九OC坦克給印度。同時，印度亦獲得授權生產一百四十架蘇愷三十型戰鬥機。中共的專家認為，俄羅斯提供給印度的先進軍事裝備，遠優於其提供給中國大陸的武器。此外，俄羅斯總統普丁亦親自到越南訪問，雙方也將進行有關軍備交易的磋商，其中包括出售米格三十一型戰鬥機等項目。中共方面對於俄羅斯加強與印度和越南之間的軍事合作關係發展，已經產生一種相當複雜的警覺性。隨著美國積極拉攏俄羅斯的動作頻繁，中共與俄羅斯的關係也將進入微妙的變化期。

備忘錄 二三

中共崛起對美國國家利益的挑戰

時間：二〇〇一年五月二十九日

五月二十八日發行的美國商業週刊（Business Week），在專題報導中指出，布希總統有意重新規劃亞洲地區的安全戰略。因為中共的日益興起將很自然地成為此地區的領導者，而目前也唯有一個國家可以阻止她。美國副國務卿阿米塔吉表示，對美國而言，亞洲地區同時存有巨大的潛在機會與危險。透過貿易的成長及自由市場的效應，美國可以在日本和印度發揮重要的影響力；同時，美國也必須密切的關注，中共藉由經濟和軍事力量的增強，而對美國在亞洲地區的利益構成威脅。此外，現任美國白宮國安會亞洲事務資深主任的卡里查德（Zalmay Khalilzad），在國防部智庫蘭德公司最新發佈的一份研究報告中指出，美國可以規劃結合菲律賓及澳大利亞等盟邦，組成聯軍以弭平地區性衝突；同時美國有必要運用權力平衡的策略，防止俄羅斯、中共、印度三國結盟對抗美國，或者避免造成其中任何一方，在亞洲地區獨霸。然而，在同一期「美國商業週刊」的社論，卻針對布希總統的鷹派作風，提出嚴正的警告，其要點如下：

第一、布希政府在尚未經過充分公開辯論的過程，即著手進行美國外交政策的戲劇性調整，並有意將美國安全利益的重心，從原來的歐洲與俄羅斯，轉向亞洲及中國大陸。為了因應中共崛起的趨勢，華府內部正進行有關重新調整戰略飛彈瞄準目標、部署三叉戟核潛艦、促使日本恢復軍備，以及推動與印度結盟等多項政策性的研討。目前正積極規劃的飛彈防禦體系，也只是整個大計劃的一部份。儘管布希政府這項戰略性改變的具體內容仍屬機密，但是華府的決策人士有必要認知，任何美國在冷戰時期曾經對蘇聯行之有效的策略，若要運用來對付中共，將會遭遇相當的風險，並可能會嚴重傷害亞洲的經濟成長，導致對美國的利益造成重大損害。

第二、今天的中國大陸與一九八〇年代的蘇聯有很大的不同。當時美國曾經運用「星戰計劃」為誘餌，促使蘇聯與美國進行軍備競賽。最後，由於蘇聯本身經濟實力無法支持巨額的消耗性軍費支出，導致整個社會陷入經濟蕭條，進而加速蘇聯政權的解體。反觀中國大陸現在的發展狀況，與八十年代的蘇聯社會特質相比，則呈現出截然不同的面貌。中共軍費支出的額度與美俄兩國相比，仍然無法相提並論。目前大量湧入中國大陸的外資和巨幅成長的進口貿易額，已經快速地促進中國大陸，朝向市場經濟的道路發展。儘管中國大陸仍屬一黨專政的社會，但是美國的目標是促進大陸能夠步上南韓、台灣的後塵，朝民主政治的軌道前進。

第三、倘若美國在亞洲開啟一場新冷戰，得顯然地，美國必須要能夠應付，一旦中共對台灣採取軍事行動，以及中共將軍力擴張到南中國海等，所帶來的具體挑戰。這表示，美國將增加在亞太地區的海空軍前置部署，並推動美國與日本、南韓、印度之間的軍事聯盟關係。然而，這項動作一旦出現，也將會引發亞洲地區的軍備競賽，尤其是以日本調整其國防政策，並促使其再度武裝化的措施，更會迫使中共增加軍備、引發南北韓的恐懼感，並且造成東南亞國家走向強化軍備的道路。

第五、面對中國的崛起，美國現在必須思考的重大課題是，（一）如何影響中國；（二）如何促使中國朝向市場經濟和民主政治的道路發展，同時亦能有效的防止其採取各種可能的侵略性行為。根據過去二十年的經驗觀之，當蘇聯被星戰計劃拖垮的同時，中國大陸正逐漸的朝向經濟改革開放的道路前進。目前，美國、中國大陸，以及台灣都享受到亞洲經濟發展的利益。然而，布希政府為因應中共崛起所採取的政策調整，將會使美國的企業很難在中國大陸經營下去。因此，這項國家安全政策的調整，至少在其正式推動之前，有必要接受公開性的討論與檢視。

備忘錄二四

中共何時加入世界貿易組織

時間：二〇〇一年六月三日

世界貿易組織（WTO）最重要的意義與功能，就是促進貿易自由化及開放國內市場。以美國為首的西方發達國家對中共加入世界貿易組織的基本態度是，希望以「開放國內市場」做為中共成為WTO會員的條件，並要求中國大陸按「已開發國家」的標準入會。一九九九年十一月十七日，美國與中共雙方突破長期以來，一直無法在「強有力的商業條件下達成協議」的僵局，由貿易代表白茜芙與中共外經貿部長石廣生，在北京簽署雙邊入會協議書。隨後，美國國會眾議院及參議院，相繼於二〇〇〇年六月及九月中旬，通過給予中共「永久性正常貿易關係」（PNTR）的法律修正案，為中共加入WTO排除了重要的障礙。但是，各界人士原先預期中共將可於二〇〇〇年十一月間入會的研判依舊落空。今年二月下旬，中共外經貿部長石廣生表示，中國大陸最快也要到十月或十一月，才能夠加入世貿組織。此外，中共的首席談判代表龍永圖亦於五月二十一日向媒體強調，中共已接近和美國達成協議，可能排除各種障礙，使中共得以在今年十一月初加入WTO。然而，龍永圖也語帶玄機地指出：「總的來說，中共還是堅持在真正加入世界貿易組織時被視為開發中國家」。研判中共方面已經不急著加入WT

O，其理由以要點分述如下：

第一、根據來自日內瓦的資訊顯示，隨著美「中」關係日益複雜、中共內部權力競逐因十六大將至而趨向激烈。儘管大陸的改革派人士想加速推動「入世」的腳步，也力有未逮。自去年十一月二日開始，中共的世貿工作小組在日內瓦，重新恢復與各國代表進行各項雙邊與多邊的談判與協商。然而美國與歐盟也進一步向中共提出要求，希望中共在加入世貿組織之後，能夠遵守WTO一體適用的經貿活動規範，而不是對本國的經濟活動與企業採取一套標準，對外國公司及國際貿易活動又採取另一套標準。到目前為止，中共的世貿工作小組仍未提出完整的立法計劃，促使中共在加入世貿組織之後，能夠就有關與世貿組織接軌的法律，進行具體的立法工作。中共的代表指出，中共方面將提出一百六十項立法計劃，使大陸經貿法規能夠與世貿組織的規範接軌。但是，這項計劃僅達到世貿組織所提出要求的一半，而中共方面已經堅定的表示，其將不可能再讓步。此外，中共方面亦強調，其將不準備為了符合世貿組織所有的要求，進行國內的立法工作，因為這些過份的要求，已經干涉到中國大陸的內政。

第二、中共與歐盟和美國的代表，在保險業的市場開放進度時程表上，亦發生嚴重的意見分歧。目前，中共方面並未能按照其與歐盟及美國的入會雙邊協議內容，執行開放保險服務業市場的承諾。中共方面延遲執行協議承諾的原因包括：中共有意發揮談判藝術，儘量地爭取到最有利的條件；大陸若准許外國保險業進入大陸市場，必須先完成內部的配套立法，以因應國際企業力量的競爭。

第三、近三年以來，中國大陸遭受亞洲金融危機的衝擊，大陸內部的金融體系因為體質不健全、壞帳比率持續攀升，到目前為止，仍然處於止痛療傷的調養階段。此外，隨著積極推動國企改革和政府機構改革的腳步，造成失業人口急劇增加，使中共當局無法接受西方發達國家要求，在正式入會後立即大幅度地開放工業產品、金融服務業、貿易服務業等市場。現任亞洲高盛投資銀行副主席的資深經濟專家柯迪斯（Kenneth Courtis）曾指出：「美國與中國大陸在市場開放的立場上，仍然存有極為顯著的差距；以現階段中國大陸經濟發展的速度、其降低工業產品平均關稅的比例程度，以及開放大陸內部貿易及服務業市場的幅度觀之，在二〇〇一年以前，中國大陸都不夠條件加入世界貿易組織」。值得重視的是，中共國家主席江澤民在參加五月上旬的「財富全球論壇」等國際性重要場合上，曾經一再地強調，到二〇〇五年時，大陸的工業產品平均關稅，將降到百分之十，以大幅度地開放大陸內部的市場，並接受國際企業的競爭。

第四、中共的談判代表在與美國及歐盟等國家，進行有關農產品補貼的多邊協商時，要求將農業補貼提高至百分之十，但美國的代表只願意接受百分之五的農業補貼上限。目前中共對農產品的補貼約為產值的百分之三左右，但其堅持自己是「開發中國家」，因此對農產品的補貼應可增加到產值的百分之十。但是，美國、日本，以及歐盟等國家，基於國內農民的壓力，則堅決表示無法接受。對於中共當局而言，一旦廉價的歐美農產品隨著加入WTO之後，大量的湧進大陸之後，大陸農民的生計將立刻受到威脅。數量高達九億的農民如果不能夠安居樂業，必將會產生嚴重的政治社會問題，甚至會危及中共政權的生存。因此，面對攸關九億人口的重大議題，中共方面是不可能輕言讓步的。

第五、到目前為止，中共的領導高層並未一致的表示，加入WTO是影響未來大陸經濟發展的關鍵。事實上，已有不少的領導高層認為，中共方面若對於「入世」做出的承諾越多，其在短期間內所必須付出的代價也就越高。雖然，朱鎔基曾經一再的強調，「入世」將可促使大陸面對健康的競爭壓力，以加速朝向經濟改革開放的軌道前進。但是大多數的政治人物都不會願意，為了長期的經濟利益而付出近期的高額代價。目前中共當局與國務院經貿、財政部門的領導人，就有關中國大陸是否有必要加速開放國內市場，以獲得進入世貿組織的議題，產生相當程度的意見分歧。同時，在大陸內部其他部門之間，對於是否要加入世貿組織，或者願意以何種代價加入，顯然地已經出現各種不同的看法，而且這種政策性及利益性含量頗高的爭議，有越演越烈的趨勢。

第六、基本上，中共的立場是以堅持其為開發中國家的條件入會，並意圖成為WTO成員中，代表開發中國家的領導者自居。其特別強調將對已開發國，包括美國、英國、法國、日本等，積極爭取「合理條件」的待遇。目前有為數不少的WTO官員及駐日內瓦的各國代表認為，中共方面有意藉農產品補貼、通訊產業、金融保險服務業等議題，與已開發國家的會員國，在多邊協商的談判桌上週旋，而其真正的目的則是一方面讓西方國家和跨國企業，相信中國大陸終究會成為ＷＴＯ的成員，但另一方面則以拖延加入ＷＴＯ的時間，舒緩加入ＷＴＯ之後，對中國大陸的經濟結構及社會政治結構，所產生的巨大衝擊。事實上，只要國際資金持續以每年四佰億美元的數量湧入中國大陸，看不出中共有急著進入世界貿易組織的迫切需要。

備忘錄二五

美「中」關係的新動向

時間：二〇〇一年六月五日

六月一日，美國總統發表聲明，支持中國大陸繼續享有正常貿易關係（NTR）的待遇。同一天，國務卿鮑爾亦在華盛頓郵報的專文中強調，維持華府與北京間的貿易合作關係，是美國重要的利益。自從四月一日美「中」發生「南海軍機擦撞事件」以來，雙方內部的鷹派力量一度抬頭，導致亞太地區陷入美「中」對峙的嚴肅氣氛。然而，雙方基於重大的經貿利益考量，終究認為美「中」之間有必要擴大在「交集利益」（Converging interests）的議題上合作；同時針對「分歧利益」（Diverging interests）的部份，儘量採取協商的態度，以避免衝突狀況惡化。在布希總統支持給予中共NTR的聲明，以及國務卿鮑爾在華盛頓郵報的專文中，都突顯出美國方面，積極強調雙方發展經貿關係的重要性；此外，中國問題專家何漢理博士於五月二十三日，亦在美國華府的尼克森研究中心，特別針對美國對華政策的兩面性，提出深入的剖析，其要點如下：

第一、在美國受惠於美「中」雙邊貿易關係的人士包括，四十萬直接受雇於相關企業的員工、輸出價值高達三十億美元農產品的農民，以及美國的中小型企業。去年美國對中國大陸的出口成長率達到百分之二十四，而從事於此項出口貿易活動的公司及廠商，有百分之八十屬於中小企業。此外，對於美國的消費大眾而言，從中國大陸進口的廉價產品，不僅使消費者提高了生活的品質，而且也使美國市場的通貨膨脹率，獲得有效的控制。

第二、美國繼續給予中共正常貿易關係，將可以促使中國大陸朝向貿易制度透明化、法制化，以及國際化的方向發展；同時，美國的廠商亦可以把管理哲學、工廠安全標準、環保意識等價值觀，傳進中國大陸。倘若美「中」雙方中止「正常貿易關係」，其不僅是美國企業、員工、農民、消費者的共同損失，同時其也將波及到香港和台灣等地區，造成香港經濟成長率折半、就業機會減少七萬二千至十萬二千不等；對於台灣而言，其對美的出口損失將高達一百五十億美元，而就業機會也將立刻減少五萬個。此外，台北與北京之間賴以維繫和緩互動的經貿關係，也將因此而受到嚴重的傷害。

第三、就有關美國對華政策的動向，目前在布希政府內部的討論中，有三種主要的聲音：（一）美國對華策略應採用雷根總統在八十年代，對付蘇聯的相同做法，積極引誘中共與美國進行一場，其不可能會贏的全球性戰略競爭，藉以拖垮中共政權；（二）美國將中共視為戰略競爭者，認為中共將會在亞太地區影響到美國的利益與地位，因此，美國有必要採取相應的措施，來防阻中共的擴張，並節制中共的行為，以保障美國在亞太地區的利益；（三）美國應積極地推動與中共之間的對話與協商，並發展雙邊的各項合作關係，促使美「中」之間的建設性關係更加的強化。何漢理博士認為，中共當局對於布希政府的對華策略，已經感到相當的困惑。然而，中共方面的回應卻也相當的謹慎，因為，中共並不願意讓美「中」關係繼續惡化下去。

第四、基本上，目前布希政府的政策動向，對中共方面，以及亞太國家而言，已經造成相當程度的不確定感。未來美國與中共關係動向的三種可能性如下：（一）雙方的互動隨著利益衝突事件的不斷出現而日益趨向惡化；（二）美國能夠與中共建立建設性的合作互動架構；（三）雙方的互動仍然陷於目前的不確定狀態，一直到今年十月的ＡＰＥＣ高峰會議時，雙方以共同聲明的方式，建構一個互動的合作關係。何漢理博士並未提出其個人研判的動向，但是他在講演中強調，政策的不確定性未必都是負面的，因為其也可能創造出一個促成真正對話，以及改善雙邊關係的空間與機會。

備忘錄二六

「大陸熱」的省思

時間：二〇〇一年六月二十日

六月十九日，台塑董事長王永慶呼籲民進黨政府接受「一中各表」主張，並全面開放「戒急用忍」政策，再度引爆兩岸政經競合的辯論。根據行政院國科會考察大陸高科技產業，投資環境的評估報告指出，目前大陸的制度不夠穩定、商品市場化及製程能力較弱、管理及行銷能力也較弱等，是大陸發展高科技產業的缺點；然而，大陸的潛在技術水準高和市場大，則是其發展的優勢。此外，中共當局提供「兩年三減半」的租稅優惠條件，並明令地方不得擅自更改，已對台商構成相當具體的吸引力。最後，這份調查報告強調，兩岸產業應朝互補方式進行；目前已經有那麼多台商在大陸，政府應研究與大陸合作開發或向大陸租地開發工業園區，提供台商進駐生產的可行性；如果政府無法即時調整對大陸的產業政策，預估大陸產業在五年後獲得突破性發展時，台北的產業優勢即會喪失。專欄作家Philip Bowring於六月十二日及六月十八日，分別在「國際前鋒論壇報」和「英文南華早報」，針對兩岸經濟加速融合的「大陸熱」趨勢，提出不同角度的觀察，其要點如下：

第一、面對大陸經濟發展的磁鐵效應，台灣的社會與政治結構將會遭逢巨大而且前所未見的結構性挑戰。這種肇因於兩岸經濟互動所產生的衝擊與變動，對於台灣的民眾而言，仍然是福禍難料。目前，由於多數的台灣居民，對於北京的威權政府，顯然充滿高度的不信任感，所以居民多數支持「維持現狀」的政治選擇。但是，隨著大陸經濟的持續發展，已經使得台灣在尋求獨立時，所必須付出的經濟代價越來越高；同時，對於「認同台灣」或「認同中國」的族群矛盾，也將因大陸經濟的發展及兩岸經貿的融合，而加劇雙方競爭的緊張關係。

第二、兩岸在經濟融合的過程中，已經開始出現新興的利益團體。在台灣擁有可移動資產和技術能力者，以及可塑性較高的年輕世代，將在此變動的過程中，成為真正的受益者；同時，台灣的房地產擁有者將面臨資產縮水的損失，而中高齡的勞工與農民將面臨生計困難的打擊。這種狀況也將隨著兩岸加入WTO後，而更加的突顯。目前台灣政府有意藉引進外資及大陸資金，投入房地產和傳統產業，以及開放大陸人民來台觀光，藉以平衡目前相當嚴重的資金外流趨勢，並維持穩定的兩岸經濟資源配置措施。但是，這些政策卻無法抵擋一股「大陸熱」的潮流。由於台灣地區投資者的信心嚴重不足，景氣指標的台股指數仍徘徊在五〇〇〇點左右，並遠遠低於十年前的一萬二千伍佰點，使得政府部門所祭出的振興經濟政策措施，面臨左支右絀的窘境。

第三、台灣的政治經濟體系在面對這一波「大陸熱」時，必須要明確地體認到，純就經濟的層面而言，中國大陸即不是解決台灣經濟衰退問題的萬靈丹，也不是造成台灣經濟難題的厄夢。其就如同美國和日本一般，屬於全球經濟體系中重要的一環，也是龐大的市場。台灣唯有增強自己的競爭力，才能夠在這個充滿挑戰與競爭的市場中生存發展，並且獲得經濟利益。

第四、從政治的層面觀之，兩岸之間的僵持隨著雙方在經濟發展，出現相當明顯的消長變化之後，台灣方面若想進一步加強雙方的經貿互利關係，卻不願意改變目前的政治立場，恐怕不會有令人樂觀的結果。儘管美國在對台軍售的措施上，顯露出支持台灣的意圖，但是美國基於考量其戰略性的利益，也不致於在處理與中共關係上，失去應有的平衡性。這一點也是台灣當局必須特別警覺的地方。

備忘錄二七

台灣經濟衰退的政治效應

時間：二〇〇一年六月二十八日

六月十四日的亞洲華爾街日報在專題報導中指出，四年前躲過金融風暴襲擊的台灣，現正面臨經濟衰退之苦；有不少經濟學者認為，這回的不景氣暴露出台灣經濟深層的結構性問題。換言之，台灣的經濟結構正處於轉型期，除了和中國大陸間的競爭形勢加劇外，還有內部金融體系體質惡化、國內政黨惡鬥等難題與挑戰有待克服。

過去五年來，由於國際電子產品市場需求暢旺，使台灣延緩推動必要的結構性改革。現在產業景氣惡化，各項經濟轉型的問題也一一浮出檯面。目前中國大陸的競爭力與吸引力愈來愈強。除了勞力密集的傳統產業早就外移到大陸東南沿海地區設廠生產外，電子業也紛紛前往珠江三角洲及大上海週邊地區發展。此外，有為數不少的外國企業因考慮「三通」仍遙遙無期，亦準備撤離台灣。這種狀況使台灣的就業機會愈來愈少，進而衝擊到台灣的民間消費能力及生活水準。

隨著企業經營環境的每況愈下，台灣金融機構的逾放款比率可能超過百分之十六，是政府預估的三倍。由於台灣金融體系逾放款很多是房地產抵押品，一旦房價下跌，金融機構勢必要重新估算負債金額，導致銀行嚴重的虧損，甚至將影響整體經濟結構的體質。日前民進黨政府雖然提出一些金融、土地等改革性的法案，但是在立法院卻面臨不少民進黨籍立委的杯葛，造成法案無法通過、僵局持續惡化的結果。

六月六日，美國費城的外交政策研究中心曾經提出一篇針對台灣政治經濟情勢惡化的專題報告，文中特別強調，台灣經濟衰退、政黨惡鬥、扁政府的低能與缺乏領導能力，以及中國大陸的經濟磁鐵效應明顯增強等趨勢，已經為「一個兩制」孕育出，在台灣形成吸引支持的條件與氣氛。今年四月中旬陸委會的調查、五月上旬政大選舉研究中心的調查，以及六月間有關媒體機構和研究機構等，相繼公佈的調查數字顯示，台灣經濟的衰退、政局的混亂，與接受「一國兩制」民意的增加狀況，呈現出相關性的趨勢。倘若在未來數月，這種情形愈來愈顯著，將可能會對國內的政局造成新的衝擊，並且也將對原已混亂的政黨競爭，添加更多的變數。

備忘錄二八

布希政府的香港政策

時間：二〇〇一年七月三日

六月二十七日，美國駐北京大使提名人雷德（Clark Randt），在國會參議院外交關係委員會的聽證會上表示，美國與中共間雖然有不同的價值觀，但是卻也有不少共同利益；美國將繼續與中共進行交往及合作關係，同時美國也會與中共進行競爭，甚至對抗。七月三日，美國務院發言人包潤石強調：「我們希望將中國納入國際標準和世界規則的體系。無論是貿易、人權或核武擴散問題，我們都希望中國參與並且遵守大家都使用的標準。在此範圍內，我們期望與其維持一種建設性的關係」。基本上，雷德與包潤石兩位的發言，已經勾劃出布希政府的對華政策思維。此外，布希總統亦將於七月十一日，在白宮會晤香港特別行政區長官董建華。雙方討論的重點將包括貿易自由化的維持，以及如何維持香港享有高度的自治性和市場經濟的活絡。今年的六月二十三日，美國駐香港總領事克羅森（Michael Klosson），即曾經以「全球經濟中的美國與香港」為題，在香港中文大學發表演說，全篇內容對布希政府的香港政策有精闢的闡述，其要點如下：

第一、美國目前已經與加拿大、墨西哥簽署「北美自由貿易協定」，並和以色列簽署雙邊自由貿易協定。同時，美國也已經與歐盟二十七國中的二十個國家，簽署自由貿易或關稅協定。布希政府將在此基礎上，遵循五項原則，繼續推動全球經濟與貿易的自由化，其中包括：（一）透過全球性、區域性，以及雙邊性的自由貿易協定，努力推動自由貿易；（二）推展自由貿易的範圍，並擴大到開發中國家，使其能夠有效地納入全球經濟體系；（三）為促使美國內部支持自由貿易的力量不斷擴大，美國政府將對轉型中碰到困難的企業，提供知識及技術的支援；（四）美國將把其基本的價值融入全球貿易體系中，包括公平交易、民主政治，以及法治等；（五）美國將強調透明化，在未來的貿易協商中所扮演的重要地位。根據這五項原則，美國認為香港是美國在推動其全球性自由貿易政策的「自然夥伴」。

第二、香港在資訊業、通訊業、高科技業、商業，以及金融服務業等五項二十一世紀初的關鍵性產業中，都具有高度發展的基礎。美國在推動二十一世紀的新經濟中，有意把自由貿易、資訊、投資，以及市場經濟的理念，結合成為一套新的連線系絡。香港正可以扮演推動這項政策的重要代理人之一。目前香港有六家行動電話公司，一萬五千家國際金融與財務服務公司。單就二〇〇〇年，中國大陸即透過香港的資本市場及財務金融服務機構，集資高達四百四十億美元。在這種密切互動的關係中，香港公司的高效率經營管理，以及透明化的財務結構，將直接或間接地影響到中國大陸的企業和經營模式，並對促進大陸的貿易自由化及接受國際經濟體系規範，產生積極正面的作用。

第三、香港目前的發展策略是將自已定位成「亞洲的世界城市」。就面向中國大陸的角度觀之，香港是中國大陸南部的經濟發展核心。其將發揮珠江三角洲的樞紐地位，在金融服務、航運交通、行銷管理、運籌補給等業務上，發揮重要的功能及指導示範的作用。就面向世界市場的角度觀之，香港目前對世界市場（中國大陸除外）的貿易額，超過其總貿易量的一半以上。其有效連結世界市場與中國大陸市場的功能，有不可替代的份量。因此，美國對於積極促進香港發揮「亞洲的世界城市」角色，抱持正面樂觀鼓勵的態度。

第四、美國與香港在亞太地區的共同利益包括：金融秩序的穩定、有效能的行政管理、市場的開放，以及維持跨國企業營運的環境。為了促使香港特別行政區維持高度的自主性，使其能進一步保障香港的自由貿易和開放市場的特質，美國有必要更加強與香港的合作關係。

備忘錄二九

台北美國商會再發警訊

時間：二〇〇一年七月五日

新任的台北美國商會會長何順（Richard Henson），於七月四日公開指出，目前已經有部份在台經營的企管顧問、會計等服務業外商公司，開始撤離台北；台灣內部政治混亂的情況，已經明顯地影響經濟發展及外商的投資意願。何順會長強調，台灣當局應儘速開放大三通、穩定兩岸局勢，以及吸引外國人來台投資。這是美國商會繼今年五月十日，發佈「二〇〇一年企業信心調查」認為，台灣的競爭力將因政黨的惡鬥而下滑，以及美商對台灣的信心已普遍下降後，再度對台灣經貿實力明顯衰退的趨勢，提出嚴正的警語。

根據美商摩根史坦利投資銀行最新的研究報告顯示，台灣的股票證券市場，若按本益比或股價與帳面價值比觀之，其股價已經落至最近十二年來的最低點；台灣股市的疲弱不振，除了受到國際高科技產業景氣趨緩的衝擊外，其最主要的因素是台灣政局的不安定；今年年底有立法委員的改選，兩年後又有總統的選舉，而目前的政黨惡鬥，已經造成立法與行政效率低落，並令台灣的經濟陷入遲滯的漩渦。最後，這些研究報告指出，民進黨政府保守的大陸政策，已造成台股的投資評等被調降等；不論是企業縮減營運成本，或者是爭取新市場，目前民進黨政府的大陸經濟政策，對台商在大陸爭取商機，創造經濟利潤的空間，已經構成嚴重的障礙。

綜觀美國企業界人士相繼提出的警訊，基本上，其都是指向國內政局的亂象與不確定性。此也正顯示出民進黨政府，在政黨輪替執政後，並不能夠給台灣的政治社會與經濟，帶來「快樂與希望」。自從四月中旬，陸委會公佈民調數字指出，有百分之十五點六的民眾願意接受「一國兩制」，有不少研究機構及主要媒體跟進持續調查，其結果自五月間的百分之十七點八，跳升到六月間的百分之二十七左右，甚至有數字曾達到百分之三十以上。倘若這些民調數字在未來的幾個月呈現穩定攀升的趨勢不降，則在野黨站在捍衛中華民國的立場，勢必要祭出重大的策略手段，阻止民進黨的無能領導繼續下去。換言之，中國國民黨執政讓「一國兩制」在台灣找不到市場；民進黨上台後卻讓「一國兩制」在台灣創造出市場。難道這就是政黨輪替、和平政權轉移的代價嗎？

備忘錄三〇

中共對大美利堅主義的挑戰

時間：二〇〇一年七月十五日

在全球不景氣聲中，中國大陸今年上半年的經濟成長率達到百分之八；多數的經濟預測研究機構認為，今後的五至七年內，大陸仍然可以維持每年百分之七以上的經濟成長；此外，大陸的外匯儲備金額已經累積高達一仟七佰億美元左右，若再加上香港的外匯儲備數量，則將超過德國而僅低於日本的四千三佰億美元，居世界第二位。隨著經濟實力的逐步強大，中共在國際社會中所能夠發揮的影響力，也日益的突顯。目前，有為數不少研究國際政經趨勢的專家認為，美國與中共在亞太地區已經形成一種競逐戰略利益的態勢。甚至有部份的美國學界人士提出專論強調，中共與美國將會在現有的國際政治規範原則上，逐漸地產生根本性的意見分歧。中共方面基於本身實力的上升，一則要求參與制訂國際政經秩序的規範，同時其亦開始挑戰以美國為主導力量的國際政治基礎。美國哈佛大學甘乃迪學院亞太安全研究中心主任費甘寶（Evan A. Feigenbaum），在最新一期的華盛頓季刊（The Washington Quarterly）中，即以China's Challenge to Pax Americana為題，指出中共對現行國際政治秩序六個基本議題，所提出的質疑與挑戰，其要點如下：

第一、中共方面對於美國及北約組織所揭示的「人權高於主權」原則，提出強烈的不滿與質疑。中共的戰略分析專家認為，美國為首的西方發達國家意圖藉由「道德制高點」的策略，干預落後國家的內政，以維持其優勢地位及國家利益。同時，中共方面指控美國運用聯合國、世界貿易組織等多邊的國際機構，打破主權國家的界限，遂行其為美國利益服務的意志。

第二、中共針對美國的「霸權主義」提出質疑，認為美國的國家行為，以及其在全球重要據點部署軍力的戰略，已經嚴重干涉到其他國家的主權行為及領土的完整。美國在其國家軍事戰略中所提出的「營造、反應、準備」三原則，在中共的眼中即成為美國藉以掩飾其「大美利堅主義」的具體動作。尤其是有關「營造」的策略，其表示美國將運用積極的行為，擴大美國在國境外的利益和影響力，並維持美國在全球的霸權地位。

第三、中共認為美國在大西洋地區建立的「北約組織」，以及在太平洋地區所支持的「東南亞國協組織」，其主要目的，一方面是為抑制蘇聯勢力的擴張，另一方面則在牽制日本在亞洲地區的發展。隨著美國與日本逐漸有意強化雙方在亞太地區的軍事同盟關係，中共方面則強調，這種美日軍事同盟關係的強化，將是其可能運用武力處理台灣問題的障礙。此外，中共方面強烈質疑，這種軍事同盟關係是有意掩護日本重新軍備化的煙幕。

第四、中共對於美國提出所謂「預防性外交」的概念與行動，提出質疑。中共方面認為，美國藉由預防外交的名義，具體執行干涉他國內政，侵犯國家主權的行為。在美國主導與北約國家共同執行的介入「科索沃」事件中，中共認為美國以「預防性外交」為藉口，遂行其霸權主義的意志，甚至避開聯合國安理會的機制，更令人相信「科索沃」事件，已經為美國的霸權行為開了先例。

第五、中共堅決反對美國所主導的「國家飛彈防禦系統」，和「戰區飛彈防禦系統」的建構。首先，中共認為這兩項戰略性武器的發展與部署，已經嚴重地違反「反彈導飛彈條約」。同時，中共表示，美日聯合發展ＴＭＤ主要是針對中共而來。對於美日是否將會把台灣納入此飛彈防禦體系，中共則事先提出警訊表示，其將會有激烈而且具體的反制措施。最後，中共強調，美國的反飛彈武器部署，將嚴重地破壞「外太空非軍事化」的默契，導致美國、俄羅斯、中共等國家，發展太空型的軍備競賽。

第六、中共為了加強吸引外資、拓展外貿，以及引進先進的工業技術與管理方法，並不排斥全球化的趨勢。但是中共亦致力發展軟體工業、新材料技術，以及太空科技的自主性生產能力，避免在全球化的潮流中，被美國的主導勢力所淹沒。

備忘錄三一

「陸資」真的會登台嗎？

時間：二〇〇一年八月十日

據經濟日報指出，行政院副院長賴英照於八月九日，邀集蔡英文、彭淮南等人，就關於「陸資」來台購買房地產及資金回流機制等，達成具體共識；蔡英文對於開放「陸資」曾提出六大項目，包括購買房地產、金融証券、保險，以及媒體等，其中對購買房地產認為十分可行，將在經發會開會期間做為行政部門的主要提案及共識；此外，賴英照強調，開放「陸資」來台購買不動產是行政院經內部討論後的既定政策，陸委會已經完成規劃，至於相關配套措施及法源，也已提至立法院，只要完成修法程序即可實施。

隨著兩岸經濟實力與發展潛能，具體地出現「彼長我消」的趨勢後，朝野各界人士真正意識到，台灣在面對中國大陸經濟黑洞的磁吸效應之際，其所能賴以維繫生存與發展的基礎與資源，也正在快速的崩潰與流失。因此，對於如何建立資金回流機制，甚至吸引「陸資」及外資來台，亦顯現出相當程度的急迫感。然而，倘若執政當局寄望於藉經發會的場合，宣佈開放「陸資」來台的政策，以解台灣經濟衰退的困局，顯然犯了政治經濟的幼稚病。此也突顯出執政當局對中共的瞭解，只停留在膚淺的層次。從政治的角度觀之，中共當局認為，台灣的經濟狀況越好，就越不可能接受「一國兩制」的安排。目前台灣內部政局不安，信心不足，投資意願低落、經濟實力衰退等趨勢，已經為中共所提出的「一國兩制」創造了市場。中共當局認為，陳水扁已經被「台獨集團」所挾持，台灣的政局也將持續地惡化，具有政策性作用的「陸資」此時沒有登台的必要；從經濟的角度觀之，目前多數的台灣企業主，都爭相登陸以搭上大陸經濟發展的列車。在這種狀況之下，所謂建立資金回流機制，其真正能夠發揮的效果，事實上是相當有限的。至於開放「陸資」購買房地產的措施，試想，台灣的房地產價格成本已經偏高，再加上政局不安、經濟衰退、投資信心不足的限制因素，「陸資」若以市場機制及投資報酬率的考量，也不會貿然地投入台灣的房地產市場。綜合前述的政治經濟因素，執政當局若寄望以開放「陸資」來化解兩岸困局並振興台灣經濟，只會為國內民眾帶來另一次失望與更多的憂心。

備忘錄 三二

中共與美國戰略思維的差異

時間：二〇〇一年八月十二日

美國國務卿鮑爾在結束北京之行，並接受中共中央電視台專訪時表示，目前中國大陸的出口產品有百分之四十是銷往美國；美商對大陸的投資金額亦逐年增加；這種日益密切的經貿互動，為美國與中共發展建設性關係，奠定了重要的基礎。自鮑爾就任美國國務卿以來，其便一再地強調，美國必須以務實的態度來看待與中共的關係；雙方既非敵人亦非戰略夥伴；事實上，雙方是貿易夥伴，也是區域利益的競爭者。現階段，華府戰略層次的決策圈對待中共的主流思維認為，「我們不必喜歡中共，但我們必須與他們共同處理，關係到美國利益的重大議題」。基於這項思維的考量，美國國會設置「美中安全評論小組」，定期邀請產官學人士，針對美國與中共間的共同利益及重大的利益分歧議題，提出分析評論與報告。今年八月三日，華府重要智庫布魯金斯研究所東北亞政策研究中心主任季北慈（Bates Gill），既以「中共與美國戰略思維的差異」為題，向該小組報告研究心得，並特別對美「中」互動的重大議題，提出深入的觀察，其要點如下：

第一、中共的國際安全戰略思維，仍然延續一九八二年鄧小平提出以「和平與發展」為戰略主軸，並強調世界大戰打不起來，中共將可以期待一個長期穩定的國際和平環境，致力於從事經濟的建設。一九九九年三月，江澤民在日內瓦提出中共國際安全戰略的四項內涵：（一）國際安全的概念必須包括互信、互惠、平等與合作；（二）世界和平的政治基礎必須以和平共處五原則及國際關係所適用的通則為準；（三）互惠合作及共同繁榮，才是運用經濟保障和平的基礎；（四）基於平等的立場進行對話、協商與談判，才是化解分歧保障和平的正確途徑。然而，從近期以來大陸內部出版的論述顯示，中共的戰略專家對於中共所處的國際環境，已經出現不同的看法，並強調美國與中共之間的差距，特別是在軍事科技上，有明顯拉大的趨勢。這種美國超強的態勢對中共的利益構成威脅，但是中共方面唯有在經濟發展上急起直追，卻也別無他途可以化解這種深層的挫折感。

第二、中共為強化其國際安全戰略利益，將會在三個領域上，與美國的戰略利益發生密切的互動：（一）台灣問題及美國在西太平洋的前進部署；（二）核生化武器的擴散以及飛彈防衛的議題；（三）中共與美國以外的其他國家發展關係。現階段，中共已將台灣議題及美國在西太平洋的利益，視為「國家安全戰略」問題。此外，中共不僅有計劃地增強軍事上的準備，以應付台海地區的軍事突發事件。其同時亦對台灣展開政治經濟性的攻勢，運用前所未見的密切交流活動，營造解決台灣問題的有利條件；在核生化武器擴散及飛彈防衛方面，中共很顯然地在一九九八年五月的印巴核武試爆競賽，以及一九九八年八月的北韓彈導飛彈試射事件中，

備忘錄 三三

加入WTO將質變兩岸經貿互動

時間：二〇〇一年八月十六日

根據來自日內瓦的資訊顯示，原訂於本月十四日將進行，有關審議中共入會文件的程序，確定延後。然而，由於中共方面對於農業補貼上限的比例，以及開放准許外國保險業進入大陸市場等項目，做出重大的讓步。因此，世貿組織接受中共於今年底或明年年初，成為WTO的可能性，已經越來越高。此外，我國也將按多國接受的默契，在中共入會之後，以極短的時間差距，跟進成為WTO的會員。一旦兩岸成為WTO會員之後，我國現行的大陸經貿政策，顯然已經違反WTO的規範，而其中勢將嚴重衝擊兩岸經貿互動的要點包括：（一）目前政府公告核准間接自大陸輸入的物品有五〇〇〇多項，約佔所有輸入物品項目的百分之五十六。在二〇〇〇多項農產品中，開放的比例不到百分之三十。兩岸入會後，我國若不援引排除條款，則將無法繼續對大陸物品，採取負面表列管理的限制進口措施。換言之，我國的農產品和農民的生計，將會遭受大量廉價大陸農產品的嚴酷競爭；（二）按「台灣地區對大陸地區貿易許可辦法」規定，雙方勢必將開放直接貿易，但由於兩岸不通航，造成運輸成本增加，並構成貿易障礙，因此，來自於大陸及國內業界要求通航的壓力，也將衝擊現行政策；（三）兩岸入會後，

備忘錄三四

現階段的中共對台政策

時間：二〇〇一年八月二十五日

八月二十四日，共和黨籍的美國眾議院國際關係委員會主席海德（Henry Hyde），在台北發表公開演講時表示，民主政治在台灣落實的經驗，不僅証明民主政治可能在中國出現，而且其更能促進社會的穩定與經濟的進步；美國鼓勵中國推行民主政治的途徑包括，幫助中國全面性地與世界經貿體系接軌，同時並運用人員的交往、網際網路的管道，以及宣揚法治精神等方式，積極協助中國人民，透過和平的手段，運用自由及公平的選舉，建立中國的民主政府。最後，海德強調，美國政府應該公開支持在台灣落實的中國民主政體，並防止北京政權顛覆或摧毀，這個能夠具體影響中國人民追求民主的典範。陳總統在相繼獲得美國的軍事和政治支持後，以相當程度的自信，於八月二十六日的「經濟發展諮詢委員會議」閉幕致詞中，確定兩岸經貿政策以「積極開放、有效管理」取代現行的「戒急用忍」。然而，兩岸政治僵局是否也將因此而舒緩呢?八月十七日，美國中央情報局的兩岸問題專家葛來儀（Bonnie S. Glaser），在「太平洋論壇」的電子報中，發表一篇「現階段中共對台政策」（China's Taiwan Policy: Still Listening and Watching）的分析報告，內容要點如下述：

第一、北京當局認為過去的六個月間，台北的政治經濟情勢仍舊處於混沌低迷的狀態。陳水扁政府的僵硬立場和全島的經濟不景氣，已經促使島內的民意調查數字，出現明顯支持「一國兩制」的比例；北京當局的研究機構研判，今年年底的立法委員選舉，民進黨將難以取得過半數的席位；大選之後，立法部門與行政部門的僵局也仍將持續。這種狀況也將延阻陳水扁政府推行台獨的計劃。

第二、儘管台北方面有意在「經發會」上，鬆綁「戒急用忍」的措施，但是就北京的角度觀之，這是早就該做的事情，而兩岸之間人員、經貿等交流的速度與程度，只會增加不會減少。然而，北京當局對於如何將這種經貿交流的趨勢，轉化成政治上的能量，並促成台北方面接受北京的談判架構，進行政治性的對話與協商，仍然顯現出相當的挫折與無力。基本上，北京當局仍無法轉變陳水扁政府步向台獨的施政方向。

第三、北京當局對於陳水扁政府既不願意接受「九二共識」，也不願意公開宣稱自己是「中國人」，並沒有決定要以武力相向，或失去耐心。目前的台海僵局無法由北京來突破，也不可能由台北或華府單方面來改變。然而三方所堅持的底線就是「台灣不宣佈獨立」。七月下旬，中共高層在北戴河聚會的決議，仍然採取對陳水扁政府「聽其言、觀其行」的政策立場。

第四、現階段中共對台政策有四項重要內涵：（一）持續擴大兩岸間的經貿交流互動，並增加台北方面開放三通的壓力；（二）擴大兩岸間交往的層次與項目，並積極與公開反對台獨的政黨接觸來往；（三）北京方面運用私人關係、學術交流、第二軌道對話等方式，與民進黨人士交流互動，並持續地探尋化解與陳水扁政府對立僵局的可能性；（四）北京方面仍然堅持不放棄以武力解決「台灣問題」的選項，並持續地增強軍事能力，以備必要時刻強迫台北坐上談判桌，接受中共所提出的條件。

第五、布希政府近日以來，相繼地展現出對台灣政府，在軍事上和政治上的支持態度。尤其是美國在軍售台灣以及美台戰略性對話的措施，可能會影響兩岸之間的對話氣氛與時機。然而，從中共內部的政治情勢觀之，目前中共的領導高層正忙於為二〇〇二年的「十六大」，規劃部署各項權力組合及政策方案。換言之，對於北京與華府的互動關係，以及台海兩岸的政治僵局，北京的政治人物目前只希望「不出事」即可。

備忘錄三五

大陸經濟發展的虛與實

時間：二〇〇一年九月一日

八月三十日，「國際前鋒論壇報」在社論中指出，中國大陸的經濟成就有過度誇大之嫌，其實中共當局比任何人都清楚自己的弱點。同一天，中共國家計委主任曾培炎在「人大常委會」的報告中即強調，大陸當前的經濟發展情勢正面臨五項突出的難題：（一）國際經濟出現了相當嚴峻的形勢，對「中國」的不利影響日益加深，大陸外貿出口由年初增長百分之十三點七，轉為六月份下降百分之零點六，工業增長速度相對有所放慢；（二）農業發展的結構性矛盾日益突出，農民收入增長緩慢，部份糧食生產區農戶收入下降；（三）國內需求結構和供應結構不相適應的矛盾擴大。由於農民增收困難，城鎮低收入群體擴大，制約了消費需求的增加，企業擴大投資又受制產品開發能力不足，一般商品供大於求的情況仍然存在；（四）就業和再就業壓力加大。由於產業結構的調整，加上出口增長大幅下降，直接影響到企業開工不足和下崗失業人員增多；（五）近兩年大陸廣大地區連續乾旱少水，今年許多地區又出現了幾十年來同期最為嚴重的旱情，長江流域大部份地區降雨稀少，旱情不斷加劇，人民生活和經濟發展都受到較大影響。

備忘錄 三六

美日的台海戰略動向

時間：二〇〇一年九月十日

八月三十日發行的「遠東經濟評論」指出，美國的布希政府正運用多重管道，逐漸地強化與台北的軍事合作關係；此外，美國亦有意結合日本、南韓，以及澳大利亞的力量，在太平洋地區形成軍事聯盟，以因應中共力量的崛起與擴張。七月下旬，美國國務卿、國防部長、日本外相，以及澳大利亞的總理和外交部長，既曾經針對此議題，密集地交換意見。另據最近一期的中共新華社「瞭望」週刊表示，日本已事實上將台灣納入其「週邊事態」範圍，並以「台海發生戰事」為背景，進行「軍事應對的準備」。然而，近日以來，美國的戰略學界針對美國的亞太安全戰略規劃，卻有另一種深謀遠慮的計算。任教於芝加哥大學的米夏默爾博士，在最新一期的「外交事務雙月刊」中強調，美國在面對中共崛起的趨勢時，最符合美國利益的策略是，運用亞太其他國家減緩中共發展的速度；同時，美國應將軍隊撤離亞太地區，以避免與中共發生正面的衝突；此外，美國若有必要介入亞太地區的戰局，最好是選擇在戰爭接近尾聲時才參與，如此既可減少損失，又可藉由優勢的力量，主導戰後的各項政治性安排。綜觀上述的論點，吾人可以略見美日兩國對台海戰略考量的複雜性。現謹選取今年一月中旬，「美日基金會」在東京發表的美日戰略對話研究小組報告，以及坎貝爾博士於今年七月在「外交事務雙月刊」發表，題為「Crisis in the Taiwan Strait?」的專文，並以要點分述，盼能對剖析「美日的台海戰略動向」，提供若干思考的方向：

第一、中共在亞太地區，甚至整個世界政經舞台上，日益展現其重要性和影響力，已經是無法漠視的趨勢。不過中共政權在其內部的統治正當性逐漸弱化的狀況下，有突顯民族主義以強化內部凝聚力的傾向。因此，面對台灣內部運用民主化的機制，朝向自主獨立方向發展之際，中共方面將強調拿回台灣的重要性。同時，此也促使中共方面嚴肅地考慮運用武力，以解決台灣問題。

第二、除非中共方面使用武力強行攻佔台灣，或者中國大陸在實行民主化之後，以民主方式統一台灣。目前，美日兩國均很難看出台海兩岸有立即統一的條件。因此，美日均以維持最低成本的觀點，認為兩岸關係以「不統不獨」的現狀，最為有利。因為這種現狀一旦改變，將迫使美日付出金錢的代價，或者將破壞其他必須與中共採取合作立場才能確保的利益，其中包括，朝鮮半島、南中國海、甚至於中國大陸內部的基本穩定。

第三、美日兩國的軍事同盟架構，有必要提升台灣角色的份量。但是，美日兩國均必須認知，台灣的重要性並不足以升高到軍事同盟者的地位，因為這種狀況將會帶來嚴肅的政治問題。然而，倘若中國大陸與台灣結合成為一體，則整個南中國海將變為真正的中國海。由於南中國海是許多亞洲國家的重要航道。一旦其成為完全由「中國」所控制的海域，則將會對亞太的戰略環境與結構，造成巨大的衝擊。首先是泰國，其將會選擇中立的立場，而新加坡的政策也將會做出向「中國」傾斜的選擇。由此觀之，當中國大陸與台灣結合成為一體時，可能會產生極為嚴重的戰略性問題，此也正是美日持續進行戰略對話，所必須密切關注的重點。

第四、近五年以來，中共軍方所進行的建軍備戰工作，有相當重要的比例，是實際強化對台作戰能力的措施，其中包括短程及中程的彈導飛彈、潛艦、驅逐艦，以及全天候的戰鬥機。自九五－九六年台海飛彈危機以來，美國國防部及情報機構的專家們開始質疑，一旦台灣與中共爆發軍事危機時，台灣的軍隊將會採取何種方式因應。美方為了要填補這個戰略性的盲點，即從柯林頓政府時期開始，密集地與台灣的軍方人士，進行深度的戰略對話。今年四月布希政府所決定的軍售項目，亦包括了更為密集與深入的戰略對話。美方有意瞭解台灣軍隊在戰爭爆發時可能採取的因應方案，此將有助於美軍規劃部署其在西太平洋地區的整體戰略，以及台海軍事危機的應變措施。

第五、過去的二十幾年，美國運用「戰略性模糊」的策略，成功地維持台海地區的和平與穩定，但是也無限期地延緩了台海問題的最終解決。然而，當前的台海情勢正面臨質的變化，一方面是台灣內部趨向民主獨立的力量越趨表面化；另一方面則是中共內部對於「台灣問題」，逐漸失去耐心而有意早日採取行動；對於美方而言，其也將發現，刻意延阻台海兩岸攤牌的代價及困難度已經越來越高。

備忘錄三七

民進黨政府鬆綁「戒急用忍」的策略因素

時間：二〇〇一年九月三十日

經濟部長林信義表示，中國大陸可望成為二十一世紀的世界重要經濟體，也是我國企業全球化佈局的重要市場。然而，林部長亦強調，解決台灣經濟根本問題，就是要提昇台灣的經濟競爭力，而其中的關鍵就是促進「台灣經濟地位國際化」，使台灣成為高附加價值產品的製造中心，並將中國大陸市場及資源納入台灣產業全球化佈局的一環。此外，其並指出，民進黨政府將在「亞太經合會」召開期間，審議經濟部研擬的戒急用忍政策檢討方案，一旦核定，戒急用忍政策鬆綁專案小組評估機制將正式啟動，展開鬆綁作業。

近一年多以來，在野的國民黨基於代表台灣主流民意的立場，一再地嚴正呼籲扁政府回歸中華民國憲政體制，以維護兩岸關係的基本穩定；同時國民黨亦以審慎負責的態度，為營造兩岸良性互動，並積極促進台商開拓大陸商機，提供必要的服務。然而，這項極具建設性的政策立場與服務措施，卻被民進黨及台聯黨人士抹黑成「聯共反台」。反觀民進黨政府近日頻頻釋放出「鬆綁戒急用忍政策」的訊息，卻同時又批判國民黨的大陸政策，其背後所隱藏的政治性策略，殊值重視。

備忘錄三八

美「中」關係的新動向

時間：二〇〇一年十月二十六日

十月十九日，美國總統布希與大陸國家主席江澤民，在上海舉行高峰會議，並於會後的記者會中表示，雙方將發展建設性關係並就共同對抗恐怖主義、加強經貿交流、支持大陸早日加入WTO，以及共同防止大量毀滅性武器擴散等議題，進行密切的合作。隨後，美參議院外交關係委員會主席拜登，於十月二十五日在紐約的智庫「外交關係協會」舉辦的演講中指出，「九一一恐怖攻擊事件」後，布希政府外交戰略思維已經轉型，單邊主義色彩褪去，開始尋求與中共、俄羅斯間新的戰略關係；而美國「更能認知」與中共之間的共同戰略利益。拜登認為，「九一一事件」後，北京將更清楚認識，對外擴散核生化武器及彈導飛彈科技，會對中國大陸本身構成威脅；同時，北京領導人也將重新思考，對巴基斯坦輸出核子技術及飛彈的政策是否明智。然而，中國事務專家葛來儀（Bonnie S. Glaser）在太平洋論壇的專文中卻指出，美「中」之間的關係雖然因「九一一事件」而有改善的氣氛與空間，但是只要北京方面仍然相信美國的亞太軍事戰略部署，主要是以中共為目標，美「中」之間的關係就不可能脫離「既聯合又鬥爭」的格局。此外，美國中情局外圍研究智庫「蒙特利爾國際問題研究所」的「反武器擴散研究中心」主任孫飛（Philip C. Saunders）亦發表專文「Can 9-11 Provide a Fresh Start for Sino-U.S. Relations ?」指出，美「中」關係雖然有朝向建設性合作關係發展的空間與議題，但是雙方間發展合作的障礙仍然不容輕忽。現謹將其專題報告要點分述如下：

第一、自從今年四月一日美「中」發生「南海軍機擦撞事件」以來，雙方內部的鷹派力量一度抬頭，導致亞太地區陷入美「中」對峙的嚴肅氣氛。中共方面對於「台獨議題」及「美國軍事介入亞太地區」深具疑慮；而美國方面對則中共的崛起及其可能挑戰美國在亞太地區主導地位的意圖，也備感壓力。然而，雙方基於重大的經貿利益考量，以及相關議題合作的必要性，終究認為美「中」之間有必要擴大「交集利益」並在「分歧利益」的議題上，儘量採取協商的態度。國務卿鮑爾即指出，用所謂「戰略夥伴」或「戰略競爭者」來形容美「中」關係的性質，並沒有太多幫助，基本上，美「中」關係是擁有廣泛議程的複雜關係（complex relationships with a broad agenda）。

第二、「九一一恐怖攻擊事件」之後，美國積極地尋求中共方面，共同針對反恐怖主義活動採取聯合陣線。雙方可以合作的項目包括：分享情報、運用中共的機場及領空積極支援打擊賓拉登集團、中共在聯合國安理會上支持美國、管制出口可能落入恐怖份子手中的輕型武器、對不支持反恐怖主義行動國家施予制裁等。然而，阻礙雙方進行合作的因素也相當具體，其中包括：（一）中共與伊朗、伊拉克、阿富汗等國均有長期的軍事合作關係，中共若選擇與美國合作，其將如何在此兩組衝突利益中求取平衡？（二）一旦美國的軍事行動擴散到阿富汗以外的國家地區，中共是否仍要表示對美國的支持呢？（三）中共對於美國軍事介入中亞地區和巴基斯坦亦深具戒心，一旦美軍長期駐紮在中亞地區和巴基斯坦，其必將影響中共在此地區的影響力，屆時中共又將如何因應呢？

第三、去年的十一月，中共與美國簽署協議同意停止對伊朗、伊拉克、巴基斯坦等國，輸出核生化武器及彈導飛彈等大量毀滅性武器和製造技術。同時，美國亦同意以取消禁止美國人造衛星委託由中共火箭代為發射的禁令，以及恢復輸出人造衛星科技到中國大陸的出口許可，做為中共方面在反武器擴散議題上合作的回報。然而，中共方面仍然一再地意圖把反武器擴散的議題，與美國對台軍售的措施掛勾。其強調，美國要求中共停止軍售伊朗、伊拉克、阿富汗、巴基斯坦等國，則中共亦可以要求美國停止對台軍售，以履行反武器擴散協議的精神。此外，中共對於美國有意修改反彈導飛彈條約，為其發展「全國飛彈防禦」措施舖路的作法，亦深不以為然。中共認為，美國發展飛彈防禦體系，其不僅會激起亞太地區的核武軍備競賽，甚至會造成外太空的軍備競賽，對整個人類的和平都會構成威脅，其根本就是與反武器擴散的原則背道而馳。

備忘錄三九

兩岸關係的僵局難解

時間：二〇〇一年十一月十五日

世界貿易組織（ＷＴＯ）部長會議在台北時間十一日深夜十一時二十一分，以共識決一致通過我國以「台、澎、金馬關稅區」（簡稱Chinese Taipei）的名稱，加入ＷＴＯ。我國代表團將於十二日簽署入會文件，並訂於十四日送行政院院會通過後，於十六日送請立法院審議加入ＷＴＯ的條約案。目前，我國暫訂於十二月初將文件送往ＷＴＯ秘書處，預訂明年一月生效，繼中共之後，成為ＷＴＯ第一四四個會員國。兩岸雙方先後加入ＷＴＯ之後，對於五十幾年來，兩岸無法直接貿易的限制，也將在ＷＴＯ架構下取消。然而，由於ＷＴＯ尚未規範航運活動，因此我國將暫時不會面臨開放通航的直接壓力。至於眾所關注的兩岸關係，是否將因加入ＷＴＯ而出現和緩趨勢，甚至恢復對話協商呢？陸委會主委蔡英文呼籲中共當局，從ＷＴＯ來思考兩岸的經貿關係，而不是從兩岸來思考ＷＴＯ的關係。然而，中共當局卻一再地表示，兩岸經貿問題不在ＷＴＯ架構下協商。據此觀之，兩岸的政治僵局若要寄望透過ＷＴＯ的架構來化解，恐怕不容樂觀。今年十一月上旬，荷蘭籍的中國問題專家柯偉亮（Willem von Kemenade），在美國華府重要期刊「華盛頓季刊」（The Washington Quarterly）中，發表一篇題為（Taiwan: Domestic Gridlock, Cross-Strait Deadlock）的論文指出，兩岸的關係受制於台灣內部政治勢力的牽絆，已經陷入難解的僵局，其要點如下：

第一、目前在台灣執政的民主進步黨，並不是一個對兩岸關係與大陸政策，具有明確共識與政策主張的政黨。陳水扁總統在五二〇就職演說時提出「四不一沒有」的說辭，暫時解除了各界人士對其長期主張「台灣獨立」的疑慮。但是，二〇〇〇年六月二十七日，陳總統在接見亞洲基金會負責人傅勒（William Fuller）及何漢理時，曾經表示其願意接受一九九二年時，兩岸雙方各自表述對「一個中國」內涵的定義。但是，陳總統對傅勒及何漢理的發言，在第二天隨即被陸委會主委蔡英文，以召開記者會的方式予以否認，同時還強調陳總統對兩岸關係的立場，並沒有軟化。此外，有多位民進黨資深人士亦公開要求陳總統拒絕接受「一個中國」的主張。由此政策搖擺的現象觀之，民進黨雖然作為台灣的執政黨，卻很難提出具有一致性及凝聚高度共識的大陸政策，來處理複雜的兩岸關係。

第二、關於陳水扁總統一直無法提出穩定兩岸關係的政策主張，而中共方面亦持續以「聽其言、觀其行」的態度，對陳水扁政府施加壓力。同時，目前台灣內部已經開始明顯地迷漫，對經濟前景及台灣未來悲觀的氣氛。去年五月陳總統就職時，其民調的支持度高達百分之八十。但是到今年的三月時，同樣的民意調查，其支持度已降至百分之三十四。此外，台灣的總體經濟表現，包括成長率、進出口貿易總額、失業率、股市指數、高科技產業的產值等，都出現了五十年來僅見的衰退趨勢。中共方面認為，這些指標都顯示，陳水扁只是一位「一任總統」，因此沒有必要急於與其達成任何協議，或進行任何正式的接觸。

第三、中國大陸的市場以及經濟機會，對台灣而言，具有一種致命的吸引力。目前，陳總統依賴美國在軍事上和外交上的支持，試圖抗拒中共的壓力，但是台灣的大企業與中小企業卻無法拒絕大陸市場商機的誘惑。此外，由於台灣的中小企業選擇移往大陸創造第二春，對於台灣加速提升產業的技術水準及產品的附加價值，亦是一種嚴重的傷害。陳水扁政府所面臨的難題是，是否要加速開放台灣的高科技產業，赴大陸地區設廠生產？倘若其採取限制的措施，台灣的大廠將面臨無法與其他世界級大廠競爭的殘酷現實。

第四、中共方面一再地強調，陳總統若不回到「一個中國原則」的架構，兩岸復談將遙遙無期。然而，從今年年底國會大選結果的預估觀之，台灣內部的政黨實力生態變化，仍然很難出現一個明顯過半的政黨，因此，陳水扁總統想要提出明確的大陸政策主張，也越來越困難。對於中共當局而言，與陳水扁政府打交道的必要性也就更低了。

備忘錄 四〇

中共航天工業的發展現況與趨勢

時間：二〇〇一年十一月二十五日

一九九九年十一月及今年的一月間，中共連續兩度使用長征二F型火箭，發射兩枚無人太空試驗船。第三枚無人太空船則預訂二〇〇二年初發射升空，並為計劃中的載人太空船發射任務，預做準備。目前中共方面已經著手訓練十二名太空人，並積極推動與歐洲國家，包括法國、德國，以及俄羅斯的各項合作。同時，中共還公開向美國喊話，希望美國能夠取消禁令，以利加強雙方在航天工業技術及人員往來的交流。此外，中共期盼能參與國際太空站（International Space Station）的各項計劃與活動。中共國家太空總署的負責人表示，這個國際太空站缺少中共的參與，將不夠資格稱為國際太空站。今年十一月十二日出版的「太空技術與航空周刊」（Aviation Week and Space Technology）特別針對中共航天工業的現況與前景，做出專題報導，其要點如下：

第一、中共為積極發展人造衛星、火箭推進器，以及載人太空船發射計劃，已決定將航天部門的預算加倍，並連續五年擴大支出，使航天工業的成長能夠達到目標。中共國務院國防科工委的負責人強調，航天工業的實力是整體綜合國力的反映。自一九七〇年以來，中共已經發射七十五枚太空船，而其中有四十八枚是完全由中共的航天工業部門自行研發製造。目前，中共計劃發射三十枚太空船，並準備在二〇〇五年左右完成。

第二、中共航天部門規劃發展人造衛星的重點部門包括：（一）全球衛星定位導航系統。中共意圖擺脫由英美主控的ＧＰＳ體系，發展出更精確的衛星定位導航體系，以有利於潛艦發射洲際彈導飛彈的命中率；（二）獨立的衛星廣播通訊系統；（三）同步地面觀測衛星。中共將更進一步與巴西合作發展地球資源衛星計劃，強化天災預警觀測體系。由於大陸每年因天災所造成的損失即達六十億美元，因此，這套衛星技術的發展更顯重要；（四）海洋與氣候觀測太空船；（五）新的航天資訊分享計劃。中共計劃將人造衛星遙感技術所獲取的資料，分送各相關部門，並運用此資料查核地方政府所上報的統計資料；（六）探究太空輻射對植物成長的影響。中共計劃在二〇〇二年發射一枚可回收的人造衛星，並在衛星上放置數千種植物的種子，以研究其在生物技術發展的潛力。

第三、中共運用其積極拓展航天工業的機會，正大力強化與世界上其他國家的合作。德國目前已積極參與中共的通訊衛星發展計劃；法國也剛剛與中共簽署協議，願意提供中共發射東方紅四型通訊太空船的技術；此外，中共也極積地與開發中國家，包括伊朗、巴基斯坦、泰國等亞洲國家，展開合作研究航天技術及共享資源的計劃。

第四、中共與美國就有關航天工業的合作，由於受限於美國方面的「天安門事件禁令」，以及雙方在人權議題、武器擴散議題等的僵持未解，所以，雙方之間人員的往來及技術的交流都受到限制。此外，中共方面對於航天工業的保護亦相當謹慎，其中涉及到有關機密的部份，解放軍的主管部門，仍然對加強與美國的合作，有所保留。不過，最近中共航天部門負責人表示願意在載人太空船的領域，開放與美國的合作，以進一步強化國際太空站的陣容，此無異表示中共方面對發展航天工業將更趨積極。

第五、中共培養航天工業人才的重鎮是位於北京的航天大學。這所大學目前有二萬三千名學生，而該校正在進行有關太空技術研究與教育的項目即有一千件左右。此外，大陸方面所培養的太空人，也是在這所大學裡面接受訓練。目前，北京航天大學所推動的研究工作重點包括，神舟太空船的相關研究；無人衛星次體系及衛星與基地交通技術研究；航天及航空資料通訊中心的設立等。航天大學的教授及研究人員表示，他們對於無法與美國麻省理工學院的教授進行交流合作，感到相當的挫折。

備忘錄 四一

國會改選後的台海情勢動向

時間：二〇〇一年十二月四日

十二月三日，美國喬治城大學外交學院教授沙特（Roberr Sutter），發表一篇觀察我國國會選舉過程的報告。由於沙特教授在二個月前才從美國中央情報局退休，並轉任喬治城大學教授，因此其所提出的觀點與看法，仍應具有指標意義。

沙特教授表示，這次的國會大選由民進黨獲勝，而國民黨遭到空前的挫敗，親民黨的氣勢則呈現上揚的態勢。這種選舉結果對台海情勢及兩岸關係的影響為何？沙特認為，民進黨在執政之後，很技巧地調整其在島內統獨光譜的定位，並刻意地淡化「台獨黨綱」的色彩。國會改選之後，民進黨已經成為國會第一大黨，倘若其能在大陸政策的議題上，融入更多國民黨的主張，則兩岸關係雖不致於前進到復談的程度，但至少不會嚴重地惡化到九六年飛彈危機的地步。不過，倘若民進黨挾第一大黨的優勢，結合李登輝所領導的台聯黨，再吸納自國民黨出走的人士，形成執政的多數聯盟，並積極推動公投台獨或修憲台獨的動作，則台海情勢將會趨向複雜化。尤其是當中共軍方針對台灣的建軍措施日益積極的同時，台灣的執政黨一旦執意走向「台灣中國、一邊一國」，並運用民主程序加以落實時，兩岸情勢將不容樂觀。

根據沙特教授的觀察，民進黨的政務官們，除了國防部官員及軍事將領傾向於同意，兩岸關係有趨向緊繃的可能性外，多數的民進黨政府人士都表示，中共目前仍需依賴台灣及國際市場，只要台灣方面不做出具體挑釁的行為，中共軍方的針對性動作將會有所節制；同時他們也認為，一旦共軍攻打台灣，美國將會支持台灣。不過，沙特教授特別指出，有一位資深的政務官表示，台灣的軍隊是否願意為民進黨所領導的政府而戰，仍然有相當程度的不確定性，而這一個牽制的因素，也是讓民進黨內的台獨人士，在行動上有所猶豫的重要關鍵。

最後，沙特教授強調，多數在台灣的觀察者及學者專家普遍認為，短期之內，北京方面仍然會對台灣採取「多手策略」，一方面推動經濟的交流互動，另一方面則在軍事及外交領域上保持壓力；在針對陳水扁政府方面，中共將繼續地採取孤立與不接觸的策略，一直要等陳水扁總統接受「一個中國原則」為止。

備忘錄 四二

中共加速增強對台的空軍戰力

時間：二〇〇一年十二月十一日

近日以來，美國的重要民間智庫、主流媒體，以及與政府部門關係密切的專家學者，紛紛對我國國會改選後的台海情勢動向，提出深入的剖析與研判。多數的意見普遍認為，短期之內，中共方面仍然會對台灣採取「多手策略」，一方面推動密切的經貿交流，並以突破直接通航為目標；另一方面則在軍事及外交領域上保持高姿態的壓力；在針對民進黨政府方面，則是繼續地採取孤立與不接觸的立場，一直到陳水扁政府接受「一個中國原則」為止。此外，長期與美國國防部及中情局互動密切的專家，更進一步地指出，近五年以來，中共軍方所進行的建軍備戰工作，有相當重要的比例，是實際強化對台作戰能力的措施，其中包括短程及中程的彈導飛彈、潛艦、驅逐艦，以及全天候的戰鬥機。無怪乎前任的中情局資深官員包括沙特教授、蘇葆立教授、葛來儀小姐，以及蘭德公司的史文博士等，都在近日相繼表示，台灣人民所面臨的中共軍事威脅，不容輕忽。

十二月十日，華府的詹姆士城基金會既以中共空軍戰力的提升為題，呼籲美國政府及台灣當局正視此項威脅。基本上，以中共空軍目前的發展速度與質量而言，其將可以在二〇〇五年時，順利取得台海的空中優勢。這項空優的主要戰力包括二百架相當於美製F—十五戰機的蘇愷—二七型高空域戰鬥機；三百架相當於法製幻象二〇〇〇型戰鬥機的殲十型戰鬥機，以及二百架配有改良型雷達及制導炸彈的殲七型攻擊機。此外，中共空軍並已從俄羅斯購入先進的反雷達飛彈及視訊制導攻擊飛彈，可以有效打擊二八五公里外的海面船艦。關於中共空軍的運輸能力方面，共軍將自俄羅斯購入四十架大型的依留申七六型運輸機。目前中共的第十五空降師兵力，已經達到數萬名，而且曾多次參與軍事演訓的任務。

一位仍然具有影響力的前美國國防部資深官員表示，過去的二十幾年來，美國運用「戰略性模糊」的策略，成功地維持台海地區的和平與穩定，但是也無限期地延緩了台海問題的最終解決。然而，當前的台海情勢正面臨質的變化，一方面是台灣內部趨向民主獨立的力量日益檯面化；另一方面則是中共內部對於「台灣問題」，逐漸失去耐心而有意早日採取行動；對於美方而言，其也將發現，刻意延阻兩岸攤牌的代價及困難度將越來越高。

備忘錄 四三

江澤民的新挑戰

時間：二〇〇一年十二月十五日

十二月十一日，中國大陸正式成為世界貿易組織的會員。中共總理朱鎔基表示，加入世貿組織是為加快改革開放和社會主義現代化建設所做出的決策，是促進經濟持續快速健康發展的必然選擇；其要求大陸各級幹部必須正視「入世」對經濟帶來的影響，既不能誇大衝擊，也不能低估可能帶來的負面影響。近日以來，國際間流行一本「即將崩解的中國」（The Coming Collapse of China）專書。該書認為，中國大陸的「入世」雖帶來商機，卻也有一些問題，使其未來的發展充滿變數，包括基本改革不徹底、農民失業率飆高、貧富差距益形擴大等。此外，該書對大陸加入WTO後的未來走向充滿質疑，並認為中共經濟上的失敗會加速政府的崩潰。

十二月中旬，美國華府重要智庫「詹姆士城基金會」（The Jamestown Foundation）發行的中國研究摘要（China Brief），以專題研究方式剖析，江澤民在內政及外交上所將遭遇的新挑戰。作者林和立指出，江澤民的政權目前除了要審慎地因應，中國大陸加入WTO所帶來的各項衝擊之外，其更面臨著內部政權穩定，以及外部國際情勢變化的新挑戰。現謹將要點分述如下：

第一、江澤民這位年高七十五歲的中共總書記，在面臨明年中共十六大屆退之際，對於如何持續其政治路線，以及保障其在中共歷史上的地位，顯然遭遇到相當程度的困難。江澤民提出所謂的「三個條件」，做為其在二〇〇二年及二〇〇三年，卸下所有黨政軍要職的交換條件，其中包括（一）「三個代表理論」在中共十六大時，納入共產黨黨綱，並且著手修改黨綱，允許私營企業主參加共產黨；（二）積極進行人事接班部署，將曾慶紅、吳邦國、李長春等三位主要親信，納入中共中央政治局常委之列；（三）在中共十六大中通過決議，責成政治局常委會就有關重大的議案，必須諮詢江澤民的意見。上述的所謂「三個條件」分別受到來自於各個層面的攻擊與質疑。屬於中共左派的保守勢力認為，「三個代表理論」和允許私營企業家入黨，是違反共產黨的基本立場。儘管江澤民陣營動員了中共中央黨校、中共中央政策研究室，以及中國社會科學院的策士，積極地鼓吹「私營企業主」並非「剝削者」的理論，但是仍然無法平息左派人士的抨擊。對於江澤民安排曾慶紅等人進入政治局常委會的積極動作，北京政壇領導層亦出現反彈的聲音。其中尤以反對曾慶紅出任政治局常委的狀況最為明顯。北京的外交圈人士指出，江澤民不可能事事都稱心，其可能會犧牲一兩位親信，以換取至少有一位人士進入政治局常委會。最後，就有關在十六大通過決議，責成政治局常委會諮詢江澤民的意見案，北京的政壇元老，包括喬石、朱鎔基、李瑞環等人士，都明確地表示反對這種開倒車的做法。

第二：近兩年來，江澤民政府積極推動「大國外交」，意圖在國際社會中，確立「中國」

為國際上大國的角色。然而在「九一一恐怖攻擊事件」發生之後，中共在國際社會上所展現出的影響力，遠遠不及於美國。甚至有大陸內部的人士抨擊江澤民政權的無能表現，認為中共的國際影響力仍然比不上俄羅斯，甚至連巴基斯坦都不如。此外，面對美軍攻打阿富汗之後的中亞及南亞情勢，江澤民政權正面臨其在中亞及南亞影響力的保衛戰。由於美國的勢力藉著在中亞及南亞用兵之便，已經有意將部份的軍隊留在該地區。若加以時日，其勢必會影響到中共與巴基斯坦、阿富汗、中亞五國，以及伊朗和伊拉克等國的經貿利益、軍售利益，以及軍事技術合作關係。就以巴基斯坦為例，中共與巴基斯坦有高度密切的軍事技術合作關係，尤其是在彈導飛彈技術，以及核武技術與零件的軍售關係。一旦美軍進駐巴基斯坦，或者巴基斯坦決定發展向美國方面「傾斜」的戰略夥伴關係，則中共勢必將失去其在南亞牽制印度的力量，同時中共也將喪失在南亞擁有「戰略出口」的優勢地位。屆時，美國與中共之間，針對巴基斯坦選邊的利益競逐，將可能面臨新一波的緊張關係和外交衝突的考驗。

備忘錄 四四

美國對「台海問題」的基本立場

時間：二〇〇二年一月一日

十二月中旬，美國重要智庫蘭德公司發表一篇題為「台灣的外交及國防政策：面向與決定因素」的研究報告認為：台灣與美國間的軍事合作將可能為台海軍力平衡增添新的變數，因此美國應該堅守「一個中國」政策，並在台海扮演預防軍事衝突的角色。此外，其亦強調，這幾年的政局演變，已經使台灣成為美國與中共間最危險的潛在發火點；台灣自身未來的政局走向是最大變數，如果處置不當，不但「美中台」三邊關係將更趨緊張，整個亞洲的穩定也會受到影響。

就台灣整體的外交及國防而言，在政治及軍事上，中共對台灣的威脅持續增加，而台灣與大陸的經貿交流又日益密切，使問題變得更為複雜。蘭德公司的報告指出，展望未來四、五年，台灣與美國及其他國家間的關係將繼續維持平穩，台北與華府間的政治、經濟、軍事聯繫可望加強。然而，就兩岸關係而言，雙方目前都受制於內部因素的牽制，僵局仍難有化解的契機。惟兩岸雙方都希望有外力的促進協助，但美國不願直接涉入成為調人，所以近期內，兩岸關係不會有明顯的改善。

最後，此篇報告建議美國政府對台海兩岸的議題，應採取下述的政策立場：（一）民進黨決策人士認為美國會以軍事行動介入台海衝突。事實上，美國的立場是當「中共無端的攻擊台灣」，美國才會介入。因此，美國政府應阻止民進黨政府挑釁中共；（二）美國應該繼續信守「一個中國」政策，至於是否協防台灣，美國應該繼續保持模糊策略，不能把台灣當成美國的安全防衛夥伴；（三）美國應該清楚地告訴北京，如果中共無端地以武力攻台，美國將會有軍事上的反應。同時，美國也應告訴台北，任何片面尋求台灣獨立的行為，美國將會制止。因為，美國支持台灣的民主發展，並不等於支持台灣獨立。

研判這篇報導是綜合美國國務院及國防部的意見，並透過智庫披露，以觀測台北、北京，以及亞太重要國家的反應態度。基本上，美國政府的主流意見認為，兩岸僵局稍有不慎，都將會嚴重地威脅亞洲的穩定。一旦民進黨政府誤判美國會給予台北「空白支票式」的安全保證，進而推動「台灣獨立」；或者北京方面誤判美國的決心，進而採取對台的軍事激烈手段。這兩種誤判的結果，都可能為台海地區帶來危機。因此，美國有必要明白而清楚地告知兩岸當局，美國對兩岸關係的基本立場。

備忘錄 四五

美國的台海戰略動向

時間：二〇〇二年一月十五日

一月十一日，美國白宮發言人傅雷雪宣佈，布希總統將在二月訪問日本、南韓和中國大陸。隨後，中共外交部發言人孫玉璽亦在十二日宣佈，布希總統應江澤民的邀請，在二月二十一日至二十二日訪問中國大陸。美國國務院副國務卿阿米塔吉在記者會上證實，華府與北京將進行高層的戰略對話，包括商談進一步的反恐怖主義合作、防止大規模毀滅性武器擴散、人權議題、宗教自由，以及朝鮮半島情勢和印巴爭端等區域性的安全議題。至於雙方是否會針對「台灣問題」進行討論，亦為關注焦點。

近日以來，美國智庫、國會議員，甚至政府官員絡驛於華府、台北、北京之間，這些人士及團體都獲得陳水扁總統的接見，並且還密集地與國安會、國防部、外交部，以及陸委會的主管官員，進行深度的對話。基本上，美方不無希望在布希總統二月訪問北京前，儘量瞭解雙方政策動向的意味。從美國的角度觀之，其主要還是想知道陳水扁政府的大陸政策最終會出現什麼後果？此外，美方也想知道，如果支持陳水扁的政策，要付出什麼代價？換言之，中共方面的反應措施，仍然是美國方面最關注的變數。

二〇〇一年八月三十日發行的「遠東經濟評論」指出，美國的布希政府正運用多重軌道，逐漸地強化與台北的軍事合作關係。然而，在同年九月間出刊的「外交事務雙月刊」，卻出現另一種深謀遠慮的計算。現任教於芝加哥大學的米夏默爾博士在專文中強調，美國在面對中共崛起時，最符合美國利益的策略是，運用亞太其他國家減緩中共發展的速度；同時，美國應將軍隊撤離亞太地區，以避免與中共發生正面的衝突；此外，美國若有必要介入亞太地區的戰局，最好是選擇在戰爭接近尾聲時才參與，如此既可減少損失，又可藉由優勢的力量，主導戰後的各項政治性安排。

今年一月七日，「美中安全評論委員會」的金德芳博士問陳總統：「台灣如何期待美國能在不激怒中國的前提下，協助台灣加強軍事安全？」事實上，近五年以來，中共軍方所進行的建軍備戰工作，有相當重要的比例，是實際強化對台作戰能力的措施，尤其是以達成「嚇阻美軍介入台海戰事」，做為主要戰略目標。自一九九五—九六年台海飛彈危機以來，美國國防部及情報機構的專家們開始質疑，一旦台灣與中共爆發軍事衝突時，台灣的軍隊將如何因應，美方並無充份的把握。二〇〇一年四月，布希總統所決定的對台軍售項目，更包括密集與深入的戰略對話。美方有意瞭解台灣軍隊在戰爭爆發時，可能採取的因應方案，此將有助於美軍規劃部署在西太平洋地區的整體戰略，以及台海軍事危機的應變措施。

隨著台灣內部主張「民主分離」勢力的日益檯面化，今年二、三月間，台灣的執政黨是否有意運用其行政資源的優勢，積極朝「修憲台獨」的方向前進，已經成為美方關注的重點。近日連續來訪的美國智庫軍事安全戰略代表團，以及包括卜睿哲等人士，除了想瞭解陳水扁政府的修憲意向之外，亦企圖深入瞭解台灣軍事戰略的方向與能力，甚至於對國軍是否願意為民進黨政府而戰，進行評估。值得特別重視的是，隨美國「大西洋理事會」訪華的前美國國防部次長斯洛坎更鄭重地表示：「台北方面不要認定美國一定會介入兩岸的軍事衝突」。據此研判，美國「支持台灣的民主，並不等於支持台灣獨立」的基本立場，並未鬆動。此外，至於美國是否有意運用「兩岸矛盾」來延緩中共的發展，進而強化美台的軍事合作關係；或者參考赫爾布魯克日前在華盛頓郵報指出，「美中第四聯合公報」的構想，促使美國與中共的雙邊關係，朝向更進一步制度化的發展，仍殊值吾人密切關注。

備忘錄 四六

兩岸通匯通航的政策思維

時間：二〇〇二年一月二十日

一月十七日，經濟日報舉辦年度經濟年鑑編輯委員會議。多數與會的國內重量級財經學者專家一致認為，政府部門應大膽開放兩岸資金自由流動與直航，讓國際級企業樂意將亞太總部設在台灣，並活化台灣經濟，否則台灣的資金、技術、人才等將迅速流失到大陸，屆時台灣將一無所有。

經濟專家孫震強調，目前已有許多廠商到大陸投資，如果政府不能好好把這些廠商和台灣連結起來，再過幾年，這個連結就會中斷。此外，目前台灣的服務業落後於國際水準甚多，必須把服務業發展起來，並讓台灣的服務業有能力支援企業在國內、大陸和國際發展所需，才能吸引國際企業將台灣定位為通往大陸市場的跳板，並因此將亞太總部設在台灣。孫震認為，台灣因天然地理位置和遠較大陸重法治的環境，對國際企業設立亞太總部仍有相當吸引力。另一位專家葉萬安更進一步表示，政府應開放石化業上游到大陸設廠，因為下游業者都已到大陸設廠，而台灣的環境已不宜再發展石化業上游，兩岸再不直航，國內的石化業上游業者將不能和大陸競爭。最後，孫震相當憂心地指出，台灣的中央及地方政府，似乎只以政治為優先議題，不但不提供投資誘因，還以環保、捐獻地方為理由，阻撓經濟發展；反觀大陸卻是各地方都在積極招商發展經濟，和台灣形成強烈的對比。

另據中共方面的統計顯示，去年外資實際投入大陸的金額高達四佰六十八億美元，而兩岸間的貿易總額也將超過三佰億美元以上。此外，去年台灣的資金流向大陸的速度較前年，亦有百分之十六的成長率。華府智庫ＣＳＩＳ設在夏威夷的「太平洋論壇」即於最新一期的報告中指出，兩岸加入ＷＴＯ後，為兩岸經貿的互動，提供了重要的平台，但是其間的障礙仍然可觀。倘若台北的執政當局朝開放的政策方向前進，則北京方面可能要考慮，是否有必要順水推舟，鼓勵民進黨內的務實人士，共同支持兩岸間更為密切的經貿交流，包括直接的通匯與通航措施。目前台灣的主流民意對於開放兩岸的經貿活動，紛表高度的支持。一旦這項重大的政策利多任務由民進黨政府所完成，對於陳水扁總統爭取二〇〇四年的連任，將會有具體的助益。而此也正是中共方面苦思是否應祭出配合開放措施的關鍵。

備忘錄四七

美國對中共高科技出口管制政策的動向

時間：二〇〇二年一月二十二日

行政院國科會在總統府國安會的督導下，日前曾經召集各部會成立「科技小組」，建立國家科技安全管制機制，以全面防範中共非法取得我國高科技研發成果。一月二十五日，美國政府宣佈制裁兩家中國大陸公司及一名仲介商，他們被控向伊朗輸出可以製造生化武器的技術與設備。同一天，中共外交部則發表聲明，呼籲美國取消對大陸的高科技產品出口管制。自「一九八九年天安門事件」以來，美國對中共一直持續採取的高科技出口管制措施，同時，也對中共向伊朗、伊拉克、巴基斯坦、北韓等國家，輸出核生化武器設備、技術，以及彈導飛彈技術，進行經濟性的制裁。然而，美國的高科技廠商，眼見中國大陸市場商機拱手讓給俄羅斯、以色列、英國、法國、德國，以及日本的高科技業者，已經對政府的管制政策和制裁措施，感到不奈及困惑，並紛紛要求政府部門重新檢討此項政策。據瞭解，布希總統於二月下旬赴北京進行的「工作訪問」，將會針對此項議題，與中共領導人展開深度的協商。一月十七日，美國國會的「美中關係小組」（The U.S.-China Commission）舉行聽証會，邀請國務院、國防部、商務部、海關總署的主管官員出席，提出各單位針對高科技出口管制政策執行的檢討，以及改進的方向和建議，其要點如下：

第一、目前美國政府針對中共所實施的出口管制項目主要包括：（一）核子武器擴散的相關技術與設備；（二）彈導飛彈的相關技術、設備，以及主要零件；（三）高功能的電腦設備及相關的軟體；（四）生物化學戰劑的生產、製造、研發技術及設備；（五）犯罪控制的技術，例如指紋辨識系統；（六）能夠直接而明顯地增強中共軍事能力的產品。

第二、國務院主管官員迪鵬表示，美國的高科技出口管制政策，必須在國家安全、外交政策，以及經濟利益三者間，取得一個平衡點。近日以來，美國的人造衛星科技業者要求政府部門解除對中共限制出口的禁令，以利於美國廠商開拓中國大陸人造衛星市場的巨大商機。二〇〇〇年二月，美國政府宣佈，只要中共接受反彈導飛彈技術擴散的規範，美國將同意解除人造衛星技術出口的管制。同年十一月，中共同意承諾限制其彈導飛彈技術的輸出，藉以換取美國的人造衛星技術及零件的進口。但是，美國的情報機構發現，中共仍然繼續地對巴基斯坦輸出彈導飛彈技術，因此，這項高科技的出口管制禁令，無法取消。

第三、國防部的主管官員布朗森女士指出，在限制出口的高科技項目中，直接能增強中共軍事能力的項目包括：（一）電子戰；（二）反潛作戰；（三）情報蒐集能力；（四）武力投射能力；（五）空中優勢戰力等。此外，目前中共已經擁有一百枚的核子彈頭及二十枚射程長達一萬三千公里的洲際彈導飛彈。同時，中共核武能力的準確度及存活率，亦有顯著的增強跡象。因此，美國的高科技出口管制，必須針對這些挑戰，進行必要的預警因應措施。

第四、目前中共方面正加速地發展具有自主能力的航天工業，這些項目除了優化其人造衛星的發射、佈署、運用能力外，亦對其軍事能力中的長距離精準打擊力、資訊優勢、指揮與管制的效率、整體性的空防系統等，都具有明確的增強助益。此外，中共亦加速地發展自主性的微電子工業，其中以大型積體電路的影響最大。這項技術的發展將會強化共軍在高效能雷達系統的實力。

第五、美國海關總署的主管官員表示，目前海關部門與聯邦調查局在全國設立了三十個「聯合反恐任務小組」。這些小組的工作重點亦包括，嚴密監控並調查有關中共方面，是否透過非法的手段，取得美國的先進高科技。此外，美國對於有效地管制將危害到美國國家安全的高科技出口，有必要運用國際性的海關合作，以及國際性的情報合作，才可能有效地達到管制高科技出口的政策目標。

備忘錄 四八

兩岸「不統不獨」現狀的政經基礎

時間：二〇〇二年一月二十五日

一月二十四日，中共副總理錢其琛在北京指出，其願就兩岸建立經濟合作發展機制，聽取台灣各界意見；同時，其亦表示，中共歡迎民進黨人士以「適當身份」參訪大陸。隨後陳水扁總統則在當天晚上參加台北美國商會餐敘的場合上宣稱：「兩岸已加入ＷＴＯ，我們願意藉此一世界性的經貿機制，以更積極的作為來推動兩岸經貿交流」。

面對大陸經濟發展的磁鐵效應，台灣的社會與政治結構，勢必將遭逢巨大而且前所未見的結構性挑戰。這種肇因於兩岸經貿互動所產生的衝擊與變動，對於台灣的主流民意而言，是既有期待又怕受傷害。一方面，台灣的主流民意期待兩岸能在良性互動的基礎上，擴大經貿的交流與合作關係，達到兩岸雙贏的目標；另一方面，其對中共的一黨專政威權體制，仍然充滿高度的不信任感，因此對維持政治的自主性亦相當堅持。換言之，台灣主流民意支持台海兩岸「不統不獨」現狀的心理基礎，確實有其務實面的政治經濟考量。更值得重視的是，這種「不統不獨」的內涵反應出台灣民眾「有些人不想統一、有些人不想獨立」的多元性。而其間最具影響力的牽動變數，就是中國大陸政治經濟發展的速度、程度、深度，以及廣度。倘若中國大陸的經濟發展程度，能夠進一步帶動政治體制的改革，讓大陸的生活環境、政治制度、經濟機會等，都能逐漸形成對台灣人民的吸引力，屆時，兩岸在雙贏的格局下，進一步協商統一的目標，也才有實現的可能。

綜觀錢其琛、陳水扁的發言內容，以及汪道涵智囊章念馳所強調，統一沒有一個良好的制度，統一就會失去魅力。研判中共方面有意將兩岸的互動，導向以經貿為主軸的「制度競爭」軌道。日前，錢其琛指出中共對台政策的唯一靈活性，就是在「一中」前提下「可以等」。然而，中共當局選擇在美國總統布希訪問大陸之前，以及邀請柯林頓參加今年二月下旬的全球「反獨促統大會」，並發表演說的前夕，主動地對台北表達善意，其主要目的是否指向尋求與美國建立對台的統一戰線，殊值持續密切地關注。

備忘錄 四九

胡錦濤的挑戰

時間：二〇〇二年一月二十六日

一月二十四日，中共國家副主席胡錦濤出席「江八點七周年」座談會，顯示可望在中共十六大接班的胡錦濤，今後將逐漸涉入對台事務的決策領域。然而，更值得密切觀察的是，在今年二月下旬，布希總統赴北京進行「工作訪問」時，將會首度與胡錦濤正式碰面。屆時雙方間對於有關美國與中共互動的重大議題，包括對「台灣問題」的意向，勢將對兩岸關係的發展，有相當程度的影響。

現年五十九歲的胡錦濤於一九六四年畢業於清華大學水力發電工程系，文革時期曾經在甘肅擔任工程師，後經鄧小平的提拔，先擔任共青團中央第一書記，再到地方歷練，先後擔任貴州、西藏的黨委書記。在九〇年代期間，胡錦濤擔任中共中央黨校校長迄今。最值得注意的是在一九九二年，他就成為最年輕的中共政治局委員及政治局常務委員。二〇〇〇年五月的「南國使館誤炸事件」中，胡錦濤代表中共中央發言，以堅定的民族主義立場，贏得北京知識份子的支持；二〇〇一年八月間，中共高層正為是否應加入ＷＴＯ的問題，進行激烈爭論時，胡錦濤公開支持改革派的意見，強調大陸及時加入ＷＴＯ的重要性；當江澤民提出「三個代表」理論，並歡迎「私營企業主」入黨的意見後，胡錦濤更進一步動員中央黨校的智囊，積極鼓吹支持；日前，胡錦濤亦親自參與「打擊腐敗」的重要會議，其中包括廈門華遠輪案的調查。此外，胡錦濤在鄧小平的支持下，曾經與中共軍系的元老，有密切的往來。這項軍方的人脈更是胡錦濤可望在中共十六大後接班的重要權力基礎。

然而，一旦胡錦濤接替江澤民成為中共的領導中心，其實只是挑戰的開始。首先是中共加入ＷＴＯ後所面臨的各項經濟結構性的衝擊，以及國際性競爭的壓力；其次是美國與中共間「既聯合又競爭」的格局帶來的變動性與複雜性議題，勢將層出不窮地考驗雙方領導人的處理能力；隨著台灣內部主張「民主獨立」的聲浪升高，此勢將導致處理「台灣問題」的困難度，明顯增加。對於可望接班的胡錦濤而言，其所將面對的挑戰絕對不會亞於江澤民。

備忘錄 五〇

兩岸復談才是和平之路

時間：二〇〇二年三月九日

三月七日，海基會董事長辜振甫在出席中華民國工商協進會五十週年慶祝大會時表示，兩岸關係的契機經常存在，完全看當局要不要把握；目前雙方都有意願恢復對話，所有國家也都希望兩岸復談，這是和平之路。此外，辜振甫並指出，大陸今年有權力接班問題，加入世界貿易組織後，大陸要與世界經貿體系接軌，很多地方非改不可，而台灣在國際場合和大陸談判經貿問題是有可能的，但超過經貿以外的事，還是要回到海基會與大陸海協會的管道。國際場合只能為復談鋪路。

隨後，工商協進會董事長辜濂松則以企業家的立場表示，兩岸各自以口頭聲明方式表述「一個中國原則」的「九二共識」，是這個時刻唯一可以進行兩岸事務復談的管道。辜濂松認為，時間在大陸那邊，但大陸要有大國的氣度，大陸要台灣的know how，台灣要大陸的市場；其更進一步強調：「我們的原則沒變，稍許讓一點，台灣也能得到好處。」

近日以來，朝野各界對於是否開放八吋晶圓廠登陸的議題，展開激烈的辯論。甚至於執政當局內部，亦對此議題有明顯的正反兩派意見。陸委會蔡英文的「兩隻老虎論」、前總統李登

備忘錄五一

如何尋求「兩岸三邊」的共同願景

時間：二〇〇二年三月十五日

二月二十一日，美國總統布希抵達北京訪問，並與江澤民舉行「工作會談」。布希在會談中主動向江澤民提出，在兩岸加入WTO後，是否可藉此機制進行非政治性的談判。同時，雙方在談到台灣問題時，布希強調美國對華政策並沒有改變，美國希望以和平方式解決台灣問題，但不希望台海兩岸有挑釁行為，而美國也會繼續執行「台灣關係法」；江澤民則在同一場合中重申了「和平統一、一國兩制」的政策，並要求美國遵守「三個聯合公報」；至於台北方面，陳水扁於近日表示，去年經發會做成「依中華民國憲法定位兩岸關係」的結論，並期盼朝野政黨能積極參與，形成有關兩岸問題的全民共識。據此觀之，「兩岸三邊」的執政當局都有意將彼此的互動，導向建設性合作關係的方向發展，然而，三方對於具體推動建設性對話的政治基礎，卻缺乏共識。中共方面仍舊堅持「一國兩制」的老調，不見錢其琛的善意有進一步的發揮；美國方面的「一個中國政策」及「三公報一法」，在面對中國大陸的綜合國力明顯增強，以及台灣政治生態變遷的新形勢，亦開始出現適用性的盲點；至於台北的執政當局，目前正陷入內部嚴重缺乏共識的困境，以及來自於獨派大老的強大壓力。因此，三方當局意圖建構的和平穩定目標，其路途仍然想當遙遠。今年二月三日，曾任美國國防大學教授，現任美國大西洋理事會資深研究員的拉沙特博士（Martin L. Lasater），在「台灣安全研究」電子報上，發表一篇「In Search of Common Vision」專論，針對如何尋求「兩岸三邊」和平穩定的共同願景，提出深入的剖析，其內容要點如下：

第一、和平解決台灣問題並非不可能，但是卻是一項非常困難的工作。目前台海兩岸間的經貿互動與文化交流雖然日益密切，但是雙方之間的政治僵局仍然停滯不前，甚至無法排除爆發軍事衝突的可能性。值得特別注意的是，中共方面正加速地向外國取得先進的軍事裝備，藉以強化政治領導人的信心，使其能夠同時打敗台灣並嚇阻美軍的介入。此外，台北方面亦相應地在軍事能力現代化上著力甚深，並加速地推動「台灣化」的政策措施。關於美國與中共在亞太地區競逐戰略利益的格局中，美國視中共為未來的威脅者，因此亦顯現出主動加強與台北進行軍事合作的具體行動，並一再強調，美國將協助台灣保衛自己的安全。綜合前述的衝突因素，其促使台海局勢導向軍事緊張的可能將有增無減。

第二、從美國的角度思考，「兩岸三邊」的和平穩定，必須在北京與台北共同接受幾項事實的基礎，方有避免軍事衝突，共創和平願景的契機，其中包括：（一）北京必須認知台灣已經是一個民主的社會，其將不可能接受仍然由中國共產黨一黨專政所統治的狀況下，成為中國的一部份；（二）台北必須認知，台灣問題已經被北京方面列為國家安全的要項，同時，中共的軍事能力較以往，已有相當具體的提升，因此，北京絕對不會接受台灣分裂成另外一個國家；（三）若期望台北方面很快地就與北京達成政治上的協議或連繫，是不切實際的。同樣地，若寄望北京方面快速地進行政治上的改革，或者在社會、經濟上的結構與台北相容，也同樣不務實。雙方之間必須認知，這種共同願景建構的過程必須透過和平的、合作的，以及國際性的環境，循序漸進地推動，才較有成功的可能性。

第三、在「兩岸三邊」共同建構和平穩定的願景過程中，美國方面所能夠貢獻及著力的要點包括：（一）美國必須明確樹立三個戰略性目標：(1)維持台海的和平、穩定與繁榮(2)鼓勵兩岸雙方針對分歧及互惠的議題進行對話(3)將中國融入二十一世紀的世界秩序體系中，成為負責任的一員；（二）美國必須運用細緻的政策措施，維持台海兩岸的均勢，並同時與北京及台北保持友好關係；（三）美國有必要提升台北在國際社會的能見度，並積極促進台北與北京的代表，能夠在重要的國際論壇中，以相同的立足點，進行對話；（四）美國必須同時與北京及台北的政府，保持建設性的合作關係，並積極的促進北京及台北的現代化，同時亦鼓勵北京與台北透過重要議題的合作，提升雙方的互動層次，並強化與國際社會的交流接觸。

備忘錄 五二

中國大陸經濟發展的虛與實

時間：二〇〇二年三月二十日

二〇〇〇年諾貝爾經濟學獎得主海克曼博士於三月十三日在台北指出，中國大陸經濟不致於在短期內崩潰；大陸有龐大的商機，對台灣不是威脅，而是挑戰。其並進一步強調，以台灣的人力資源優勢，一定可以通過這項挑戰。然而，在華裔美籍律師章家敦所著的「中國即時崩潰」一書中，作者卻認為，中國大陸加入ＷＴＯ將使大陸潛藏已久的經濟難題暴露出來，並引發經濟及社會的大震盪，造成共產黨政權在未來的五到十年內垮台。此外，章家敦還預測，中共政權的崩潰將會導致整個中國大陸進入動亂狀態。

根據中共對外貿易經濟合作部部長石廣生，以及美商高盛投資銀行大中華地區經濟研究部主任胡祖六，近日的公開發言顯示，中國大陸去年的國民總產值（ＧＤＰ）已經達到一兆二千億美元，對外貿易額超過五千億美元，外匯存底總額有二千三佰億美元、引進外資總額高達四佰六十億美元。但是，中國大陸的經濟發展仍然面臨諸多結構性的瓶頸，有待一一克服。石廣生及胡祖六均毫不畏言地指出，目前中共的領導階層對於相當嚴峻的深化改革形勢，都有高度的危機意識。章家敦所提出的論點，等於是警告中共的領導階層，倘若政府財政赤字、銀行呆帳、貧富差距過大、貪污腐敗、法治不張等難題無法有效處理，中國大陸進入動亂狀態的可能性是存在的。

就我國的立場而言，正確地分析研判中國大陸經濟發展的虛與實，以及何種發展趨勢對台灣最有利，將會是關係到國家生存與發展的重要課題。例如，一個崛起的中國大陸，但與台灣的關係又越來越惡化，試問此狀況對台灣有利嗎？另若中國大陸面臨崩潰危機，導致強硬勢力意圖以武力犯台來解決內部的壓力，台灣是否會面對更危險的威脅。換言之，台灣若一廂情願期望幾年後大陸會崩潰，因而刻意切斷與大陸的互動關係，即使大陸真的崩潰了，台灣也很難擺脫動亂的牽連；倘若大陸沒有崩潰且持續發展，台灣卻可能因為推動疏遠策略，而被排除在共同發展的佈局之外，導致經濟萎縮，利益盡失。執政當局能不慎乎。

備忘錄 五三

「兩岸三邊」互動形勢趨向複雜

時間：二〇〇二年三月二十二日

三月十九日，美國中央情報局長譚納在參議院軍事委員會的聽証會上表示，雖然「九一一事件」為美國與中共互動關係的合作面，提供了許多機會，但是，中共對於美國的中亞及南亞政策，仍有很深的疑慮。此外，中共就有關美國支持日本的「反恐」角色和強化軍備的意圖，亦相當戒慎恐懼。至於北京領導層對美國的態度，則傾向於採取民族主義式的強硬立場。因為，今年秋天的中共十六大將進行權力結構的重組。所有的權力競逐者都不會對美國展現出「示弱」的行為。關於兩岸關係方面，譚納指出，兩岸間的政治僵局持續難解，但中共方面認為，日益熱絡的經貿交流對中共有利。因此，中共當局開始祭出柔軟的策略，吸引民進黨的溫和人士，與大陸進行交流。然而，中共方面對民進黨在去年年底國會改選後，成為國會第一大黨，以及陳水扁政府是否會運用此形勢，進一步走向台灣獨立，亦產生更高的警覺性。中共軍方也藉此理由，積極強化具有針對性的軍事能力，並以嚇阻美軍介入台海戰局為重點。此外，中共針對台灣所部署的短程彈導飛彈數量，仍然在持續增加當中，而中共的東風三十一型洲際彈導飛彈，也將在幾年內成軍，並對美國的本土構成威脅。

二月中旬，布希總統的北京之旅雖然有意推動美國與中共間的「建設性合作關係」，但是，三月十六日，中共外交部副部長李肇星約見美國駐北京大使雷德，針對美國同意我國國防部長湯曜明訪美，以及美國國防部向國會提交「核武態勢報告」，準備在台海發生軍事衝突時使用核武等事項，提出「嚴正交涉」。江澤民也在近日的內部講話中強調，在台灣問題上，不要對美國抱持任何幻想。

綜觀美中情局長譚納的報告、中共當局對美國「核武態勢報告」的反應，以及台北、北京、華府三方內部的「鷹派」—即台北的台獨勢力、北京軍方強硬勢力，以及華府主張對中共強硬的勢力，均傾向於積極活動並意圖主導政策走向的氣氛下，未來的「兩岸三邊」形勢將會更加的複雜，甚至導致擦槍走火的緊張局面，亦不無可能。

備忘錄 五四

「政治的不確定性」阻礙兩岸良性互動

時間：二〇〇二年三月二十八日

三月二十五日，中共對外貿易經濟合作部宣布，其將對自台灣輸入的冷軋鋼板進行反傾銷調查。隨後，中共國台辦發言人李維一於二十七日表示，兩岸經貿往來、接觸和談判，屬於一國內部的事務，沒有必要放在世貿組織（ＷＴＯ）的多邊架構上來談。但是，我國的經濟部次長陳瑞隆則指出，依據ＷＴＯ規範，中共要對我國鋼品進行反傾銷調查，就必須通知我國，中共以其為「一國內部事務」而拒絕通知，明顯違反ＷＴＯ規範。

自今年一月初，兩岸先後成為ＷＴＯ的正式會員之後，國際間的人士寄望兩岸間可以透過ＷＴＯ的架構，進行深度的經貿議題互動，並藉此累積雙方針對政治性議題的對話基礎，從而恢復兩岸的對話協商。此間，國內的執政當局甚至期望把兩岸的復談，架構在ＷＴＯ的基礎之上，並藉此多邊的國際場合，增加台北方面的戰略縱深。然而，這些樂觀及一廂情願的期望，就在中共方面堅持兩岸經貿爭端，不必透過ＷＴＯ的架構來進行協商談判，瞬間化為泡影。雖然我國駐ＷＴＯ代表顏慶章表示，不論中共是否透過ＷＴＯ機制處理鋼品傾銷事件，只要其處理程序與實質不符ＷＴＯ規定，我方就會向ＷＴＯ秘書處，要求依ＷＴＯ機制處理。但其後續發展為何?仍有待觀察。

但是,這件事卻突顯出兩岸間的「政治不確定性」,確實是阻礙雙方在各個層面進行良性互動的最大阻礙。中共方面懷疑民進黨政府的「漸進式台獨」,意圖運用WTO的國際性多邊架構,來逐步累積事實基礎,所以堅決反對雙方在WTO的架構下進行互動,並要求台北接受「一個中國原則」做為兩岸復談的政治基礎。至於台北的擔心則是,一方面恐懼落入「一個中國原則」的陷阱,成為地方政府,另一方面也對於一黨專政的中共政權,以及其善變的政策措施缺乏基本的信任。此外,目前的民進黨政府內部,對於如何因應日益複雜且嚴峻的兩岸情勢,以及中國大陸整體綜合實力明顯提升,對台灣帶來的壓力與挑戰,至今都還沒有凝聚出一致且穩定的政策共識。試問,當WTO的架構無法有效提供兩岸復談的橋樑時,民進黨政府要如何克服「政治的不確定性」,為創造兩岸和緩的良性互動,提出可行的政策措施?

備忘錄 五五

布希政府的亞洲政策動向

時間：二〇〇二年三月三十日

三月二十六日，美國華府重要智庫「戰略與國際研究中心」（CSIS）與中國國際信託商業銀行，在台北聯合主辦第九屆CSIS台北圓桌會議。陳總統在開幕致詞中以和緩的態度指出，台灣絕對是亞太地區和解、進步與穩定的磐石，這也是美國願意遵守「台灣關係法」，以提供台灣必要保障的主要原因；兩岸關係的平衡包括了政治、經濟與軍事的平衡；現階段中共正面臨政權接班與經濟轉型的關鍵時刻，全世界都在關切中共領導人如何展現一個潛在大國的風度與責任，如何順利地接納國際建制的規範，甚至是如何以民主、和平、理性的方式，來處理與台灣的關係。然而，布希政府近日祭出的「核武態勢報告」，明確地把台海地區列為使用核武的範圍，卻為「兩岸三邊」的形勢增添了複雜性，並使吾人對美國的亞太戰略動向，產生相當程度的疑惑。CSIS的代表江文漢博士在圓桌會議上，即以「布希政府的亞洲政策」為題，意圖為與會人士解惑，其要點如下：

第一、去年發生的「九一一事件」對布希政府產生了結構性的衝擊，也為布希總統採取強勢領導，提供了正當性的基礎。基本上，布希總統承繼了雷根總統的價值取向，並運用豐厚的預算結餘，來推動保守主義的政策措施，其中包括：在國際社會上強調打擊「邪惡軸心」國家的強硬立場、在國內推動減稅措施、精減政府機構、提升個人自由的領域等。據此原則，布希政府將會強化打擊恐怖主義行動的國際聯盟措施，並同時推動本土防衛及國家飛彈防禦的機制。此外，其亦將針對國際間的自由貿易議題，採取積極推動的支持立場。

第二、現階段布希政府所推行的亞洲政策有下列的特點：（一）對北韓採取強硬的態度與立場，並意圖以優勢的力量迫使北韓就範；（二）鼓勵日本重振經貿實力及區域影響力，並扮演類似英國在歐洲的角色；（三）針對朝鮮半島、台灣海峽、東南亞地區、印度與巴基斯坦衝突等，準備各項突發事件的因應措施計劃；（四）推動美國與亞太地區主要國家共同建立戰略性位置，尤其是以澳大利亞、新加坡為主要合作夥伴。

第三、現階段布希政府對中共的政策措施有下列的特點：（一）積極爭取中共加入反恐怖主義活動陣營，運用中共在巴基斯坦、阿富汗等地區的影響力，協助美國打擊恐怖份子；（二）在亞洲地區爭取日本、南韓、澳大利亞、東協國家的合作，但卻不刻意突顯圍堵中共的態勢；（三）密切注意中共解放軍的軍力發展狀況，其中包括彈導飛彈、海陸空及太空聯合作戰能力的提升程度、不對稱性作戰及資訊戰的發展、微電子及核子科技發展的水準、中共握有新台幣及美金的數量變化等；（四）密切注意中共整體的戰略性嚇阻能力發展、對亞太地區影響力的變化，以及在亞洲所展現出的地區優勢武力等；（五）加強與中共新一代的領導人接觸，並藉此瞭解其對世局發展的戰略觀、對美國的基本態度，以及其個人的價值觀。此外，美國亦可藉互動的機會，塑造中共新一代領導人的戰略價值觀，及其對美國的態度，並將其導向對美國有利的方向發展；（六）在經貿互動領域方面，美國將積極鼓勵中共參與多邊性及雙邊性的經貿組織，包括多邊性的WTO及雙邊性質的自由貿易協定，此外，美國亦密切地注意中共與東協國家發展自由貿易區的動向。

第四、現階段布希政府對台北的政策措施有下列特點：（一）美國在鼓勵兩岸經貿互動的同時，亦有必要鼓勵投資台灣的活動，以有效強化台灣的經濟競爭力；（二）台灣內部的政治動向已明顯地阻礙了整體的經濟發展，美國有必要密切注意今後有關政黨生態重組的動向，並防阻爆炸性的狀況出現，嚴重地影響台海地區的穩定；（三）密切觀察國民黨實力的消長變化，以及其新生代領導人的動向；（四）密切觀察目前台灣經濟發展所遭遇到的困境，以及幾近癱瘓的政治和政客間的互相指責，是否已經讓台灣的民眾逐漸地失去耐心。

備忘錄五六

如何建構平衡的美「中」互動關係

時間：二〇〇二年四月一日

布希總統於二月中旬所進行的北京之旅，旨在推動美國與中共之間的「建設性合作關係」，但是，三月十六日，中共外交部副部長李肇星約見美國駐北京大使雷德，針對美國同意我國國防部長湯曜明訪美，允許前總統李登輝赴美，以及美國國防部向國會提交「核武態勢報告」，準備在台海發生軍事衝突時使用核武等事項，提出「嚴正」交涉。李肇星重申，只有恪守「中」美三個聯合公報，妥善處理台灣問題，「中」美關係才能穩定發展。值得注意的是，中共國家副主席胡錦濤正準備前往美國訪問，中共在胡訪美之前升高抗議層級，是否別有所圖？今年二月下旬，美國華府智庫「卡內基國際和平基金會」，公佈一份由資深中國問題專家史文博士及斐敏欣博士聯合撰寫的政策報告，題為「Rebalancing United States-China Relations」，針對複雜的美「中」關係，提出深入的剖析，並就如何建構平衡的互動模式發表看法，其要點如下：

第一、「九一一事件」為美國與中共互動關係的合作面，提供的契機包括：（一）中共積極配合促成聯合國安理會通過一三七三號決議，共同打擊恐怖主義活動；（二）中共與美國合作建立反恐活動的情報交換、資金流動監控，以及反恐活動執法措施的機制；（三）中共同意恢復與美國就防範海上軍事意外事件發生的磋商管道；（四）中共派出外交部副部長赴巴基斯坦，要求該國支持美國對阿富汗的軍事行動；（五）中共為表示支持美國的全球性反恐行動，公開聲明理解日本海軍出兵印度洋的行動，並一反其長期的反對立場。至於美國方面為回報中共的配合措施，亦以提升雙方的互動層級，並在去年十月的「亞太經合會」和今年二月的「布江北京峰會」上，展現出雙方有意朝向「建設性合作關係」發展的態度。

第二、北京方面對於布希政府中國政策的穩定性與一貫性，仍然充滿疑慮。同時，外界人士對於布希政府的中國政策形成過程，以及其主要資訊來源管道的複雜性，亦具有高度的不確定感。此外，美國與中共間仍然有許多重大的議題尚未達成共識，其中包括：（一）台灣問題。尤其是目前美國與台灣的軍事和政治互動日益熱絡，將可能導致美「中」關係趨向不穩定；（二）飛彈防禦問題。此將削弱北京對台北施加軍事壓力的效能，並強化北京對台獨趨向的疑慮，進而衝擊美「中」的脆弱關係；（三）反大量毀滅性武器擴散的問題。北京方面表示，美國不應把北京支持反核生化武器及彈導飛彈的擴散視為當然。必要時，美國需要提出誘因來促進美「中」雙方在這項重要議題上的合作；（四）反恐怖主義活動。北京對於支持美國的全球反恐活動仍有四項牽制因素包括：美國介入中亞終將使中共的利益受到損害與挫折；巴基斯坦傾向美國終將使中共在南亞的利益與影響力受到壓抑；美國軍事介入伊朗、伊拉克、北韓，以及索馬利亞終將會導致美「中」關係的緊張；北京對於日益增強的日本軍備實力和積極的角色，終將會產生疑慮，並進而牽動對美日軍事同盟的排斥。

第三、美國與中共間的平衡互動關係需要下列七項基礎條件包括：（一）雙方的領導人堅定地支持共同打擊恐怖主義活動的立場；（二）美國必須向中共表達堅定的「一個中國政策」立場，並向兩岸明確表示反對任何一方運用挑釁的方式，破壞目前的台海現狀；（三）美國明確地向中共表達，其要求中共當局遵守ＷＴＯ規範的立場；（四）美國與中共雙方提升軍事安全對話的層級。同時，美國有必要向中共方面解釋其東亞駐軍的價值；（五）布希總統必須以公開聲明的方式向中共方面說明，美國發展飛彈防禦系統並無意抵消中共的戰略武力，同時美國亦有必要向中共澄清，美國無意運用飛彈防禦體系與台灣建構軍事同盟關係；（六）布希總統應繼續推動中國大陸政治民主化與法治化的發展，使中國大陸成為民主、法治、開放的社會；（七）布希總統有必要規劃一套策略，加強瞭解未來兩年將接班的中共新生代領導人。

備忘錄 五七

民進黨操作「美國牌」的策略思維

時間：二〇〇二年四月四日

三月二十七日，行政院以院台專字第〇九一〇〇一四一六號公文，函覆國民黨立委陳建民書面質詢的答詢稿，對美國準備在台海地區考慮使用核武的應變計劃，表達反對的立場，並認為美方的作法只會讓台海的情勢更加複雜，對維護此地區的和平與穩定沒有助益。然而這份由國防部長湯曜明親自批可的答詢稿，卻受到民進黨政府內部的親美派勢力反對，其認為湯部長的態度會引發美國的不悅，並且將不利美台關係，尤其是軍事合作關係的推展，因此，要求國防部追回公文，並由湯曜明公開修改對此議題的立場，僅宣示非核化的主張，不再評論美國在台海使用核武的政策措施。

綜觀這件事情的來龍去脈，正突顯出民進黨政府內部親美勢力，意圖操作「美國牌」以鞏固政權的策略思維。近日以來，在華府的智庫界普通流傳一種說法認為，民進黨政府的核心策士正積極地向美國方面表示，民進黨繼續執政將可以保証兩岸維持分裂的局面，此將有助於提升美國的亞太戰略利益；倘若台灣由國民黨或親民黨執政，台灣將會追求與大陸統一的政策，長遠來看，此種局面對美國的亞太戰略利益會構成威脅。因此，民進黨政府的核心策士向美方強調，美國繼續支持民進黨的「漸進式台獨」策略，將有利於美國主導亞太地區的政經情勢，而民進黨政府也會全力的配合美國的策略。

四月三日，中共總理朱鎔基在接見美國參議員范士丹時表示，台灣問題是「中」美關係中最重要、最敏感的核心問題；台灣問題的解決、中國的統一，符合海峽兩岸人民的利益，對美國也有利。由朱鎔基的言論以及民進黨政府在華府積極推銷的「分離論」顯示，兩岸的執政當局均以美國為對象，意圖爭取美國對「和平統一」或「和平獨立」政策的支持與背書。目前美國方面認為，當兩岸的領導人都向其尋求支持時，也正是美國可以站在戰略制高點的機會。換言之，美方更可以操作「兩岸矛盾」而從中取利。對於台灣的在野黨而言，面對民進黨政府的親美政策，以及中共的「和平統一、一國兩制」壓力，其突圍的策略為何？殊值深思。

備忘錄 五八

檢視布希政府的中國政策

時間：二〇〇二年四月十五日

中共國家副主席胡錦濤應美國政府邀請，確定於本月底，經馬來西亞、新加坡，轉往美國訪問。根據美國有線電視新聞網（CNN）報導指出，即將赴美訪問的胡錦濤，已經接獲江澤民的授意，其訪美期間要對美國提出強烈要求，促使美國保証不與台灣結成軍事同盟。四月十二日，美國與中共一年一度的「國防海事諮商」會議，經過三天的討論後，在上海結束。美國駐香港領事館亦於日前証實，在三月間拒絕美國軍艦靠港之後，中共方面目前已經批准了美國軍艦停靠香港的申請。從前述三項美「中」關係的寒暑表顯示，美國與中共的互動仍然處於「既聯合又競爭」的格局。若干人士研判布希政府的中國政策已由副國防部長伍佛維茲、副國務卿阿米塔吉、中情局長譚納等三人所把持，並對中共的崛起充滿敵意，進而準備採取強勢的對抗性策略，恐怕還言之過早。去年十二月底，美國西雅圖的國家亞洲研究局提出一份，探討美國、日本、中共三邊關係的分析報告「Japan and the Engagement of China: Challenges for U.S. Policy Coordination」；此外，今年的四月三日，華府智庫布魯金斯研究所亦發表一本剖析東北亞形勢的研究報告「Brookings Northeast Asia Survey 2001-02」，同時並由計劃主持人季北慈博士（Bates Gill），舉辦一場檢視過去一年以來布希政府執行其東北亞政策的研討會。現謹將兩所智庫研究成果中，針對布希政府的中國政策部份，以要點分述如下：

第一、美國政府以積極的政策措施，加強與日本和中共互動，其主要的工作重點包括三個面向：（一）結合各方的力量，鼓勵台灣議題朝向和平解決的目標努力，而朝鮮半島的兩國能夠和平共存；（二）促使日本及中共瞭解，為維持亞太地區的穩定，日「中」有必要分擔部分的成本，而雙方積極地與美國政策配合，將可創造三方的共同利益；（三）積極與日本及中共，就有關核生化武器和彈導飛彈的擴散，以及打擊恐怖主義組織的議題，進行協商與合作。

第二、目前，布希政府不認為美國與中共之間的全面性衝突是必然的趨勢，其判斷的理由包括：（一）在未來的十年，中共的軍事能力仍然不是美國的對手，而其核武的嚇阻能力亦相當有限。至於比較美「中」在軍事科技革命的發展，其真正增強戰力的是美國，而不是中共；（二）中共經濟的發展形勢已促使政治領導層，必須正視深化改革開放的必要性。同時，中共對美國市場及投資者的需要，也將更加的殷切，並導致其願意進入多邊性的國際經貿架構與規範；（三）中國大陸隨著經濟發展的速度和程度，也將面對社會多元化及政治民主化的壓力。因此，中共的領導者將會更加忙碌於處理內部的新挑戰。在此同時，中共更需要一個和諧的國際環境，包括維持與美國之間的和緩互動關係。

第三、美國的國防部助理部長布魯克斯強調，布希政府並沒有把中共視為敵人。基本上，布希政府的中國政策建立在一個平衡的原則上，一方面與中共發展對雙方都有利的重要議題，尤其是在反恐怖主義活動、反核生化武器及彈導飛彈的擴散、朝鮮半島問題、經貿互動議題等。至於雙方仍有爭議的問題，則是以坦白、誠實的態度，繼續保持協商的措施，其中包括：人權問題、武器擴散，以及軍售台灣的議題。此外，美「中」之間就有關雙方軍事交流的議題，布希政府採取個案處理的原則，以防止中共方面透過不對等的軍事交流，獲得危害美國利益的軍事情報。然而，美國不考慮中止與中共的軍事交流，因為這種直接對話與互動的機會，是瞭解共軍整體氣氛，以及其對美國態度的重要途徑。

第四、儘管布希政府認為中共在未來十年內都將不是美國的競爭對手，但是美國對於中共積極發展彈導飛彈的能力，亦深具戒心，並把此項議題納入軍事戰略部署的重要項目。同時，美軍已經增加其在亞太地區的核潛艦嚇阻能力，以防範西太平洋地區，包括台灣海峽在內，爆發政治緊張形勢，或是嚴重的軍事衝突。

備忘錄五九

民進黨操作「美國牌」的策略思維

時間：二〇〇二年四月二十日

四月十八日，美軍太平洋總部司令布萊爾將軍在香港亞洲協會的演講中表示，如果中共在台灣海峽繼續增加部署瞄準台灣的飛彈數量及準確度，台灣將可能被美國考慮納入飛彈防衛體系之內。根據去年八月三十日發行的「遠東經濟評論」指出，布希政府正運用多重管道，逐漸地強化與台北的軍事合作關係。今年一月初，連續有四個美國智庫的軍事安全戰略專家代表團，到台北訪問。他們都帶著同一個問題，即是「台灣如何期待美國能在不激怒中國的前提下，協助台灣加強軍事安全？」。尤其值得重視的是，四月上旬，美國的軍事訪問團曾到台北來，向民進黨政府高層簡報有關，台灣現在面臨的強大飛彈威脅，以及美方建議台灣因應的方式。

據瞭解，美方認為近五年以來，中共軍方所進行的建軍備戰工作，有相當重要的比例，是實際強化對台作戰能力，以及有效嚇阻美軍介入台海戰事的措施。自九五—九六年台海飛彈危機以來，美國的國防部及情報機構的專家們，對於一旦台灣與大陸爆發軍事衝突時，台灣的軍隊將如何因應，始終沒有明確的瞭解與把握。因此，自從去年四月下旬布希政府決定對台的軍售項目之後，美方即密集地展開與台北的戰略對話，以進一步瞭解台灣的軍隊在戰爭爆發時，可能採取的因應方案。而此也將有助於美軍規劃部署其在西太平洋地區的整體戰略，以及台海軍事危機的應變措施。

目前，民進黨政府一再地向美方表示，其有意提升美台間的軍事合作關係，並以恢復五〇年代時期的中美協防機制為目標。但美方也傾向於相信，儘管共軍在未來十年都將不是美軍的對手，但是美方對於中共積極發展彈導飛彈的能力，仍然深具戒心。研判四月十八日，布萊爾將軍在香港亞洲協會的主張，其具體執行的可能性將愈來愈高。屆時，民進黨政府所操作的「美國牌」，即可順勢將台灣納入美國的西太平洋飛彈防禦架構中，並進一步鞏固兩岸分裂的局面。

台灣的在野黨在面對民進黨政府與美方，在軍事安全戰略及飛彈防禦的密切互動，以及其後續的政治效應，有必要妥謀對策，以防阻陳水扁政府藉操作「美國牌」，為台海地區帶來更大的危機。

備忘錄 六〇

中共的亞洲戰略

時間：二〇〇二年四月三十日

四月二十七日，大陸國家副主席胡錦濤在馬來西亞訪問時表示，中共將積極地與東協國家組織，共同推動成立「中國—東協自由貿易區」。這是繼去年十一月間朱鎔基公開支持此計劃後，再次地強調這項工作的重要性。此外，中共的領導層亦於近日紛紛出訪亞洲主要國家，包括江澤民訪問歐亞五國、朱鎔基訪問東南亞三國、曾慶紅訪問日本、李鵬訪問泰國和緬甸等。這些外交的主動出擊，其主要目的即在於繼續營造和諧的國際周邊環境，讓中共能夠致力於國內的經濟建設。四月中旬，美國西雅圖的智庫「國家亞洲研究局」，即發表一份由前中情局亞洲首席情報官、現任喬治城大學外交學院教授沙特博士（Robert Sutter）所撰寫的分析報告，題為「China's Recent Approach to Asia: Seeking Long-term Gains」，其要點如下述：

第一、北京當局為突破美國有意在亞洲建立全面圍堵中國大陸的戰略佈局，已經積極地展開與亞洲周邊國家，進行睦鄰互動的外交措施，並意圖藉此基礎，尋求其在亞洲的長程戰略利益目標，其中包括：（一）維持和諧的國際安全外交環境，促使國內的經濟建設能順利進行；（二）推動與周邊國家的經貿活動，以提升國內經濟發展速度與程度；（三）降低周邊國家對中共綜合實力崛起的恐懼與疑慮；（四）強化中共在亞洲及世界政治經濟舞台的地位及影響力。此外，中共的領導高層亦瞭解，在可預見的將來，中共若直接或間接地對美國採取抗拒對立的策略，將不利於本身的利益與發展。然而，在中共的綜合實力日益崛起的過程中，其勢必會減損美國在亞洲地區的影響力。同時，亞洲地區的主要國家亦不希望看見美國與中共在此地區發生直接衝突的局面。因此，對於美國而言，其最佳的策略是尋求美國國內各派勢力對亞洲政策共識基礎的同時，積極促使各界瞭解美國與亞洲各國關係的複雜性及發展趨勢，進而建立美國在亞洲的角色，成為亞洲地區各個國家都希望能夠爭取的經貿及安全夥伴。

第二、促使北京當局認真推動建設性的亞洲戰略，其主要的原因包括：（一）中共領導人為延續本身的權力地位，並為避免重蹈蘇聯及東歐共產國家瓦解的覆轍；（二）積極推動統一的政策，為解決台灣問題及南中國海領土爭議問題做準備；（三）在穩定國際環境的基礎上尋求促進中國大陸經濟、科技、軍事現代化的能力，以及增進內部的社會穩定；（四）運用亞洲戰略反映出中共日益崛起的綜合實力和在亞洲地區的影響力。

第三、現階段中共的亞洲戰略重點包括：（一）中共將積極建立與東南亞國家間，更加密切的政治、經濟互動合作關係，並運用東協區域論壇的架構及東協自由貿易區的籌建，突破美國對大陸的圍堵策略；（二）中共在朝鮮半島將採取平行交往政策，一方面維持與北韓的政治、軍事聯盟，以及經援措施，同時亦強化與南韓之間的經貿互動，吸引南韓的大企業赴中國大陸投資；（三）中共與俄羅斯間最重要的互動是雙方的軍售及軍事科技交流合作關係。北京與莫斯科間都有意維持雙方邊境的和諧，藉以減少軍費支出並將資源轉移到經濟建設的用途。此外，北京亦將積極地尋求莫斯科在反彈導飛彈條約的議題上，與中共保持一致的立場，藉以阻止美國的單邊霸權主義進一步的擴張；（四）中共在與南亞國家，包括印度及巴基斯坦等的互動策略上，亦採取平行交往的措施，其一方面強調與印度在經濟合作的發展空間，以及降低雙方在邊界地區緊張的關係之外，另一方面中共亦繼續保持與巴基斯坦間的軍事合作項目，尤其是在核武與彈導飛彈技術的支援；（五）中共在對日本的策略方面，亦開始採取緩和的態度，並認為中國大陸與日本目前都有內部的經濟問題要處理，所以沒有必要在雙邊關係上，製造不必要的麻煩，此外，中國大陸仍然需要日本的投資、技術，以及雙邊的貿易來發展大陸的經濟。因此，中共有必要積極的維持與日本間的和諧關係，藉以吸引更多日本的資金和無償援助。

備忘錄 六一

中國共產黨的未來

時間：二〇〇二年五月十日

去年七月，江澤民公開提出「三個代表」，並縕釀推動在中共十六大時以修改黨章的方式，接受私營企業主入黨。此舉被解讀為延續共產黨的生命，進而採取的巨大變革。然而，據章家敦所著的「崩潰中的中國」指出，共產黨內部的腐敗嚴重乃體制結構使然。目前，以江澤民為首的中共領導階層雖然也意識到，共產黨必須要擴大其社會經濟基礎，才可能在新的時代中，繼續領導中國大陸。但是，有越來越多的西方觀察家認為，中國共產黨的領導地位，將會面臨來自於內部及外部的雙重挑戰與壓力。五月一日及五月四日，美國的紐約時報專欄作家伊利莎白・羅斯諾（Elisabeth Rosenthal）及喬瑟夫・孔恩（Joseph Kahn），分別發表專論為中國共產黨的未來把脈，其要點如下述：

第一、中國共產黨的黨員們目前正面臨嚴重的認同危機，共產黨的核心價值在經歷過去二十幾年的改革開放政策衝擊下，已經明顯地失去方向，多數的黨員不再清楚共產黨的立場及存在的價值。部份黨員表示，也許「維持穩定」就是共產黨的核心價值吧。自去年年中開始，共產黨的研究機構及中央黨校，主動積極地邀請大批的外國政治學者，就中共的改革議題提供意見。此外，中共的研究機構亦派遣大批的官員及學者，遠赴美國及歐洲，就社會民主黨的發展，以及蘇聯和東歐共產黨的崩潰或轉型的經驗，進行深入的研究。然而，多數的人士認為，這些措施的主要目的是為維持共產黨的生命，而不是為了推動政治改革以及追求自由民主的價值。

第二、自從江澤民在「七一講話」時，公開提出「三個代表論」，強調共產黨不只是代表勞工階級的利益，其也是代表「先進的生產力、先進的中國文化，以及多數人民的基本利益」之後，中共的中央黨校即推動一連串的措施，加強宣揚「三個代表」的理念。北京的政論家曹思源甚至公開的表示，中國共產黨應該認真的考慮將全名改成中國社會黨，以符合其所宣揚「三個代表」的新內涵。此外，曹思源亦建議，共產黨中央委員會的成員，應該透過公開選舉的方式產生，以推動黨內民主的機制；目前中國正在進行工業改革、農業改革、教育改革等，當然也有必要進行政黨的改革。但是，當討論到政治或政黨改革方案與辯論時，卻鮮有媒體敢公開的給予報導或評論。

第三、由於近來中共內部一再地出現嚴重的貪污腐敗事件，這種趨勢的發展已經迫使中共的領導階層瞭解到，倘若共產黨領導的結構不能有效地發揮內部監督制衡的功能，這種貪污腐敗的問題，勢將嚴重威脅中國共產黨的生存。此外，在大陸加入世貿組織後，共產黨的領導必然會面臨來自於大陸內部及外國的壓力與挑戰。共產黨所領導的政府與企業將被要求改革以強化競爭力，否則恐將會被開放市場後的跨國企業所擊敗。根據一位華裔學者在訪問大陸內部後的觀察表示，目前大陸內部的政府部門及國營企業的中生代幹部，對於這種變革的壓力與挑戰，已經顯現出相當程度的急迫感。他們已經沒有所謂的共產主義理想，在這些人士的心中，如何面對挑戰並生存下去，是其首要的考量。

值得注意的是，中共中央黨校副校長鄭必堅於今年二月曾出訪英國，向英國工黨的領袖們請教社會主義政黨如何在市場經濟轉型的過程中，保持自己的吸引力和競爭力。此外，中共中央黨校亦於今年四、五月間，邀請美國史坦福大學胡佛研究所的學者，到該校講授有關威權體制國家轉型成民主體制國家的經驗。從這些具體的措施觀之，中國共產黨在面臨大陸社會經濟結構的變遷，以及來自於內部及外部要求各項改革，甚至政治改革的壓力之下，已經意識到共產黨本身的生存危機。但是，當政治改革的項目具體推動時，其勢必會威脅到中國共產黨一黨專政的格局，而這也正是共產黨面臨改革兩難的宿命。

備忘錄 六二

維持大陸農村穩定的挑戰

時間：二〇〇二年五月二十日

二〇〇一年十一月下旬，中國大陸正式加入世界貿易組織。雖然中共方面仍然享有五年的開放市場緩衝期，但是，中共當局對於大陸的農業、金融保險服務業、通訊產業，以及市場物流業等，即將面臨國際性的競爭與挑戰，亦相當的戒慎恐懼。目前已有不少西方的觀察者認為，中國大陸在加入WTO之後，其原本已經相當脆弱的農村結構，將可能無法承受美國廉價而且大量的農產品競爭壓力，進而導致農村經濟崩潰的結果。此外，近幾年以來，大陸有不少省份都相繼地傳出農村不安的事件。根據香港雜誌的報導，單單一九九三年就發生了六二三〇件農村不安事件；另在一九九六年至一九九七年間，有三十六個縣發生農村不安事件，而參加抗議的農民總計達三十八萬人之多。今年年初，廣東省的東莞縣亦爆發數千名農民聚眾抗議的事件，而這種狀況在大陸各地有越演越烈的趨向。二〇〇二年五月，美國華府智庫布魯金斯研究所發表一篇題為「Maintaining Stability in Rural China: Challenges and Responses」的分析報告，對於造成中國大陸農村趨向不穩定的原因，進行深入的剖析，其要點如下：

第一、近年以來，中國大陸的城市失業人口爆增、黨官腐敗事件層出不窮，以及法輪功信徒的抗議事件等，已經促使中共領導階層感受到，大陸的社會結構有傾向於不穩定的狀況。然而，佔有中國大陸百分之七十五人口的農村，由於抗議事件日益增加，亦迫使中共當局不得不正視造成農村不安事件的原因。目前，在大陸農村所發生的抗議活動，雖還沒有出現橫向串聯、嚴密組織，或者向城市地區擴散的具體行為，也還不到明顯挑戰中共領導正當性的程度，但是，一旦大陸在加入WTO後進口大量廉價農產品，導致農民收入明顯減少，農村財政更形困窘的狀況層出不窮時，先前的農村不安事件將可能惡化成農民的暴動，甚至於導致農民與城市失業工人串聯的大規模社會運動。

第二、目前中國大陸的地方政府正面臨日益嚴重的財政困窘狀況，因此，也造成農村建設落後，農民生活條件遲遲無法改善的難題。有越來越多的農民偷偷地離開農村，遷移到城市尋求經濟發展的機會。但是，這群農民在城市中卻受到都市失業人口的排擠，變成更加窮困的盲流，並為大陸潛藏的社會不安因素，累積不滿的怨氣。中共中央的領導層認為，地方政府官員的腐敗無能是造成農村不安的主因，其錯誤的施政包括：（一）盲目的擴充地方官員人數，對經費的支出亦不知節制；（二）任意的增加及攤派各種規費導致民怨；（三）個別官員的貪污腐敗行為；（四）對地方民眾的反應及情緒視若無睹。因此，中共中央即展開針對地方政府官員的各項改革措施，尤其是加強中央財政控制的稅制改革，並將原屬於地方政府的稅收機制，調整成由中央集權控制的稅收機制。這項機制執行數年之後，不僅無法解決農村發展遲滯的問題，反而使地方政府的財政更加的困難，導致農村生活遠遠落後於都市地區，而其間的不滿情緒亦日益增高，形成近年以來農村不安事件不斷。

第三、由於中國大陸缺乏健全的財政資源再分配機制，所以宏觀調控的財政改革措施，雖然抑制了一九九三年的經濟過熱現象，但是卻也扼殺了農村經濟發展的生機，尤其是對較落後貧困的農村地區，真是可用雪上加霜來形容。這些落後的內陸農村地區，由於缺少鄉鎮企業的營收挹注，再加上本身的財政分配數量明顯緊縮，導致推動建設的經費嚴重的不足。此外，不論是在沿海或內陸地區，當其面臨經濟改革開放政策，以及排山倒海而來的市場經濟衝擊，對於地方政府的財政管理人員而言，也是前所未見的挑戰。這些地方政府財政官員的能力與經驗相對不足，也是造成農村發展遲滯的重要原因。

第四、中共當局面對農村財政困窘、發展遲緩，以及不穩定因素日益滋長的新形勢，有必要借鏡西方國家、日本、韓國，以及台灣等地區，具體解決農村發展問題的經驗。此外，中共方面可以考慮改革農村戶籍制度，取消限制農村人口流動的措施，讓農民能夠與城市經濟發展的脈動結合，並且為農村的經濟發展注入活水。

備忘錄 六三

飛彈防禦與亞洲安全

時間：二〇〇二年六月十日

六月九日，美國洛杉磯時報引述布希政府官員指出，美國決定對未來飛彈防禦系統測試的關鍵資訊，採取嚴密的保密措施。根據新的保密政策，五角大廈每次從事ＮＭＤ系統攔截測試前一週，仍將公告週知，同時事後會宣佈測試成功與否。不公開的資訊則涉及建構多層次彈導飛彈防禦系統最先進的長程攔截測試，以免美國的敵人取得攔截硬體機密。儘管有不少人士，包括重量級的國會議員在內，抨擊此舉係行政部門有意規避外界監督，以便獨攬大局。但是，據此趨勢觀之，布希政府將在本月十三日正式廢止一九七二年訂定的美俄「反彈導飛彈條約」後，加速地發展ＮＭＤ系統，而其對亞洲安全形勢的影響，也就更值得吾人重視。今年二月下旬，華府智庫史汀森中心及海軍研究中心聯合推動的「飛彈防禦與中國」研究專案，發表一篇由麥可．克利彭博士（Michael Krepon）所研撰的報告，對飛彈防禦發展與亞洲安全形勢的連動性，有深入的剖析，其要點如下：

第一、美國決定加速推動「國家飛彈防禦」（ＮＭＤ）的計劃，並未因「九一一事件」的發生而改變。這項國防建設對亞洲的影響將遠超過其對歐洲的影響。至於ＮＭＤ在亞洲所牽動的連鎖效應，將波及南亞、東北亞、台灣海峽，以及日本的安全戰略形勢。在此其中，中共方面對美國執意建構NMD的反應，則最具有爆炸性及不可預測性。一旦中共方面判定美國的NMD，將使中共的最低限度核嚇阻能力失效，其勢必會大規模檢討核武器及彈導飛彈的發展策略，並朝向增加核武器嚇阻能力的質量發展。當中共的發展策略啟動後，必將牽動南亞的核武競賽，以及刺激日本朝軍事核武化的道路前進。

第二、布希總統在國情演說中，公開挑明北韓是「邪惡軸心」國家。此舉無異於公開表示不支持南韓總統金大中的陽光政策，並強拉日本參與建構NMD的陣營。然而，日本卻擔心北韓的彈導飛彈發展計劃、中共軍力的不斷擴張，以及美國與中共在亞太地區逐漸形成戰略競爭的態勢，將迫使日本遲早要面臨選邊站的難題。以目前的發展趨勢觀之，東京的決策智庫已經開始嚴肅地思考，美國布希政府對北韓的強硬政策，是否將不利於日本的安全形勢。

第三、南韓政府為因應北韓的飛彈威脅，在不顧美國的阻撓限制下，執意發展攻擊性的飛彈打擊能力。此外，南韓亦積極地推動發展人造衛星的計劃，並將於二〇〇五年左右發射第一顆自製的人造衛星。這項兼具軍事性攻擊能力的動作，已經刺激到日本的安全神經，並促使日本慎重考慮進行核武及彈導飛彈嚇阻能力的發展，以防範來自朝鮮半島的威脅 。不過，這種連鎖性的發展，最後仍會回到中共的身上。當中共方面察覺到日本在核武及彈導飛彈打擊能力上，可能會有所動作時，其勢必會相應地在強化對日本的核武嚇阻及彈導飛彈打擊能力上，有更加積極的準備。

第四、在台灣海峽的範圍內，由於目前在台灣執政的民進黨，已經將加入美國的戰區飛彈防禦體系，列為國防戰略的優先項目。同時有不少美方人士認為，美國在部署NMD時，可以運用台灣的地理位置做為戰略前沿，並強調台北現在的執政黨一定會表示歡迎。然而，北京方面則一再的強調，其將堅決地反對美國把台灣納入其NMD的體系之中，並認為美國與台灣間就有關NMD的合作項目，是嚴重侵犯「中國主權」的行為。此外，中共方面亦擔心，一旦美國的NMD部署完成，其將可以抵消掉中共的核武嚇阻能力，因此對於台灣的獨立勢力，會造成極大的鼓勵。屆時，兩岸關係及美國與中共的互動，勢必會回到嚴峻的對峙局面，而此將不利於美國在西太平洋的整體利益。

第五、按當前的趨勢發展，布希政府的NMD計劃已經是既定的政策，但是其在亞洲地區，包括對南亞的印度和巴基斯坦、東北亞的朝鮮半島及日本、台灣海峽地區，以及中國大陸，都會引發連鎖反應式的核武及彈導飛彈軍備競賽。倘若美國政府無法有效地與中共進行深入的討論協商，降低中共對NMD的疑慮，使中共減緩核武及彈導飛彈的發展計劃，屆時一場亞洲主要國家的軍備競賽將無法避免。試問，這種連鎖反應的軍備競賽結局，難道就是美國政府想要的嗎？

備忘錄 六四

美國在意台灣選擇統一嗎？

時間二〇〇二年七月一日

近數月以來，美國華府智庫圈流傳一種說法指出，台灣的民進黨核心策士正積極地向美國的行政部門、國會山莊，以及智庫人士強調，民進黨主張兩岸維持分裂狀態的大陸政策，符合美國的亞太戰略利益；一旦台灣由國民黨或親民黨執政，其所主張的統一政策，將破壞美國在西太平洋的整體利益。然而，有不少美方智庫界人士亦開始認真地思考，倘若台灣的主流民意選擇與大陸接近，甚至進行實質性的整合，這種動向會對美國的利益造成傷害嗎？長期以來，美國方面總是認為，兩岸統一的狀況出現，將是因中共單方面運用武力強行併吞台灣所致。但是，近幾年來，兩岸間經貿交往的程度與速度，已使觀察者注意到，這種熱絡的互動關係所累積的基礎，讓台灣選擇與大陸統一的可能性，有逐步提高的趨向。因此，美方人士認為，美國有必要對這種可能性及其影響，進行深入的研究，以達未雨綢繆的效果。今年六月下旬，華府智庫「戰略與國際研究中心」（ＣＳＩＳ）與麻省理工學院（ＭＩＴ）、聯合出版的華盛頓季刊（The Washington Quarterly），即發表兩篇專論，包括「If Taiwan Chooses Unification, Should the United States Care?」及「China: Economic Power, Political Enigma」針對兩岸透過密切的經貿互動，所產生出的重大政治、經濟，以及軍事戰略議題，提出要點如下述：

第一、近期以來，中國大陸已經成為全球的製造業基地，隨著其與世界各國經貿互動的強化，中國大陸成為全球性的經濟強權，也只是時間的問題。倘若美國無法運用其與中國大陸在經貿與科技上互動的籌碼，將中共引導成為對世界秩序維持的貢獻者，屆時，中共將可能成為美國利益的競爭者，而美國要想對中共的國際行為進行牽制或影響，也將會難上加難。在此同時，台灣與大陸間的互動也出現了史無前例的密切程度，儘管中共方面祭出的「一國兩制」解決藍圖，並不能為雙方未來的發展提供明確的方向，但是，毫無疑問的是，台灣的經濟繁榮將明顯地受制於北京與台北間政治關係的變化。

第二、談到中國統一，美國方面只想到中共可能採取武力併吞台灣，卻很少想到台灣方面可能主動選擇與中國大陸結合。美方人士曾經一再地強調，只要雙方以和平方式化解歧見，美國將不會在意其結果，但是，目前台灣內部及大陸內部的實質性變化，包括台灣對大陸經濟的依賴程度急劇上升，目前已有五萬家台資企業到大陸投資設廠，而到位的金額更高達六佰億美元。中共的官員即明白地指出；「我們的經濟是我們最好的武器，我們不會打台灣，我們用買的。這種作法是很中國式的」。此外，當中國大陸的綜合實力不斷增強之際，美國也必須慎重地考量兩岸統合對美國利益的影響。

第三、如果台海兩岸統一，中國的軍事部署將不再以台灣為目標，不再擔心台灣會攻擊大陸，也不再擔心為了台灣而與美國衝突。換言之，中國的軍力部署及其戰略目標，將會重新靈活地調整。因此，美國在台海地區的軍事戰略，美國與日本的軍事同盟關係，中國與日本的關係，都將會發生結構性的變化。就目前美國與台灣的互動內容與程度而言，台海兩岸統合後，美國將無法再與台灣進行具有針對性的軍事及情報合作。另美國現正在進行的軍民兩用科技轉移給台灣的計劃，也必須中止，因為這些技術可能洩露給中國大陸，進而危及美國的利益。

第四、台海兩岸統一對美國而言也有一個相當重要而明顯的好處，就是排除了一個可能把美國捲入軍事衝突的「發火點」。儘管兩岸統一可能會損害到美國若干的利益，但是相較於消除引爆美中軍事衝突的發火點，或者立即並且全面降低美中雙方的摩擦衝突風險，那些因兩岸統一而導致的不利損失，也可以算是化解戰爭危險的代價。目前美國方面已經有幾套方案，可以提供給台灣方面用來抗拒兩岸整合。北京方面亦刻意地強調，美國運用「對台軍售」及「政治民主」，來延阻兩岸的統一進程。然而美國與北京方面都忽略了一個關鍵，也就是台灣人民意願的變化。目前多數的台灣人民希望在經濟上加強與大陸互動，但仍堅持政治的自主性。一旦多數的台灣民眾願意選擇與大陸整合時，美國又如何能夠阻止呢？

備忘錄 六五

美國操作「兩岸牌」的策略思維

時間：二〇〇二年七月十五日

今年六月下旬，美國的中國問題專家唐耐心教授，在華盛頓季刊發表論文表示，兩岸和平統一，中國將更趨強大，對美國有若干負面影響，包括美軍無法留駐日本等；但是最大的好處是避免了美「中」雙方開戰的危險；此外，唐氏認為基於美國的利益與承諾，美國不應提出解決方案強加於台海兩岸，而應延續目前的戰略性模糊策略。隨後，華府智庫美國大西洋理事會亦於七月初，提出一份有關美國的亞太安全政策研究報告，文中指出，美國在台海問題上的目標，應該是使問題獲得管理，而非尋求永久的解決；美國應使台灣瞭解，美國雖遵守台灣關係法所賦與的義務，但美國不支持台灣獨立，台灣宣布獨立將被視為挑釁，若台海因而發生軍事對峙，美國對台灣伸以援手的可能性很低；此外，美國也應向北京表明，美國雖繼續支持一個中國政策、不支持台獨，但美國堅持兩岸問題和平解決的立場是真誠的，若中共對台用武，可能引發與美國的戰爭，且將徹底擾亂美「中」的政治、外交和經濟關係，迫使美國重估亞太政策，並使中共孤立於國際社會之外。

二〇〇一年初，布布總統曾經有意將美「中」關係，從柯林頓時期「朝向建立戰略夥伴」

的方向，調整為「戰略競爭」的關係。隨著九一一恐怖攻擊事件發生，布希總統在內部會議中強調，對於中共「我們不必喜歡他們，但我們必須與他們共同處理重大議題」，同時，國務卿鮑爾亦表示，美「中」互動是「具有廣泛議題的複雜關係」，單純用所謂「戰略夥伴」或「戰略競爭」的概念，對剖析雙方的交往關係，毫無助益。至於對台政策方面，鮑爾特別強調，台灣不是「問題」，而是一個成功的故事。

目前，美國方面認為，其應該繼續運用「兩岸不統不獨」的形勢，站在戰略制高點上操作「兩岸矛盾」而從中獲利。因此，美國將可能在「對台軍售」、「美台自由貿易協定」、「鞏固民主」等議題上，對民進黨政府提供相當程度的支持。此外，美國亦會在「美中軍事交流」、「美中反恐合作」、「美中朝鮮半島合作」等議題上，與中共加強互動。基本上，美國將維持台灣海峽「可管理的穩定」，以為其繼續操作「兩岸牌」創造有利的空間。

備忘錄 六六

美國對大陸軍力的評估報告

時間：二〇〇二年七月二十日

七月十二日，美國國防部發佈一份提報國會的「二〇〇二年中共軍力評估報告」；隨後於七月十五日，由美國國會撥款授權成立的跨黨派「美中安全評估委員會」，亦向國會提交其第一份年度報告。這兩份報告均建議布希政府對中共採取強硬政策，並對崛起中的中共強權預作未雨綢繆的部署，以維護美國在西太平洋地區的戰略利益。中共外交部發言人孔泉表示，這兩份報告充斥過時的冷戰思維，毫無根據地渲染「中國威脅論」，至於中共軍方人士則強調，這種散佈「中國威脅論」的做法，對中共軍隊沒有任何影響，同時，中共軍方人士對於兩份報告均認為，現階段共軍的軍事戰略部署重點已經轉到東南沿海地區，其並沒有明確地否認。此外，北京的軍事問題專家指出，美國這兩份軍事評估報告選擇在中共十六大前拋出，意圖藉此影響大陸未來政局，是美國單邊主義、霸權主義的做法。對於台灣而言，有部份人士認為兩份報告中針對台灣軍力評估的內容，有向台北施壓，要求台北在建軍方向上選擇與美軍的戰略佈局結合，以共同圍堵中共的用意。現謹將兩份報告的要點分述如下：

第一、根據二〇〇〇年度國防授權法規定，美國國防部長在未來二十年內，每年都必須針對現階段中共的軍事戰略，以及美國對中共未來的軍事戰略發展形勢研判，向國會提交年度報告。這份報告的主要內容包括：（一）美國對中共軍力發展的認知差距；（二）中共的大戰略、安全戰略、軍事戰略；（三）共軍的軍事綱領、兵力結構，以及先進科技發展對提升中共軍力的影響程度；（四）中共與前蘇聯的各項互動關係；（五）台灣海峽的安全形勢。現階段中共的大戰略是維持大陸內部的穩定，以及確保安全的國際環境，並藉此基礎全面地推動中共的經濟發展戰略，具體強化整體的綜合實力。

第二、中共在處理與美國的互動關係上，基本上是希望與美國維持穩定的互動，但是也不會放鬆任何機會，減損美國在亞太地區的影響力。此外，北京已經把美國視為明顯的長期挑戰；北京在與俄羅斯的互動關係上，有非常密切的軍售合作及軍事技術移轉活動。北京除了自俄羅斯及前蘇聯國家購進蘇愷二十七型、蘇愷三十型戰機、A—五十型空中預警機外，亦引進現代級導彈驅逐艦、基洛級潛艦，以及配備在軍艦上的攻艦飛彈和先進魚雷。尤其值得注意的是，北京與莫斯科簽署一項長達五年期的太空科技合作協議，其內容包括聯手發展區域飛彈防禦系統，以及新一代的高科技武器和裝備。同時，中共亦從俄羅斯引進高能微波系統，做為反制美國電子精準制導飛彈的利器。

第三、中共在對台的軍事戰略準備上，基本上是採取威懾策略，意圖以全面性的軍力優勢，逼迫台北接受中共方面提出的統一條件，並有效阻止美國的直接干預。目前中共的南京軍區在短程彈導飛彈的部署上，有逐年增加的趨勢，反觀台北的防禦能力卻明顯不足，同時，共軍在訓練的重點項目上，有偏重於兩棲作戰、陸海空聯合作戰，以及特種部隊作戰等的傾向。其針對台海特性的作戰準備，意圖明顯。此外，值得特別重視的是，中共自俄羅斯引進的高性能戰機及空中預警機，將對爭奪台海的制空權，產生關鍵性的影響，至於基洛級潛艦及先進的攻艦飛彈，則對嚇阻美軍的介入，具有相當具體的牽制作用。

第四、為了避免北京與華府因誤判對方的意圖，而導致雙方爆發軍事衝突，美國有必要積極地推動與北京間，在互惠、透明、一致的原則上，進行軍事交流合作，並且共同建立雙方的軍事互信機制。美國必須強化監督中共履行ＷＴＯ承諾的機制，並支持商務部及國務院推動「能力建構」計劃，鼓勵中共進行法治、行政、司法，以及相關領域的改革措施。

第五、為強化美國與台北間的實質關係，雙方有必要繼續進行具體的軍事戰略對話，其討論的內容將包括威脅分析、作戰準則，以及兵力結構計劃等；此外，美國行政部門定期與台北方面就有關「對台軍售」的討論項目與內容，必須經常性地向美國國會提出簡報。

備忘錄 六七

民進黨操作「兩岸牌」的策略思維

時間：二〇〇二年七月二十五日

七月十八日，民進黨宣佈由長期主張「大膽西進」的立法委員陳忠信，出任該黨的「中國事務部主任」。陳隨後表示，兩岸間確實存在結構性不穩定因素；如果台北與北京都能發揮務實精神，例如台港航運協議簽訂的務實作法，相信可讓某些結構性歧見暫時不浮出來。此外，其亦指出，北京是務實的政權，了解民進黨執政有社會基礎；今年一月錢其琛在江八點紀念會上發表對台談話，是一務實的方向，而且目前三通也有好的氣氛，民進黨會以協商對話化解歧見。最後，陳忠信強調，兩岸應擱置政治爭議，從經濟交流開始，雖然政經無法分離，但可以務實態度來處理。

綜觀陳忠信的發言要點，其與陳水扁於今年五月九日的「大膽談話」，包括：（一）兩岸關係的正常化必須是從經貿關係正常化做起；（二）兩岸必須重啟協商大門；（三）兩岸三通是必走的一條路等訴求，展現出高度的連續性。由此可見，扁政府為尋求連任，已積極地進行整體性的大陸事務決策、執行，以及諮詢機制的部署，其目標是為爭取更多中產階級和「中間偏右」選民的支持。對於民進黨而言，目前台聯黨的精神領袖李登輝，已經成為鞏固「台獨基

備忘錄 六八

美國對台灣安全形勢的研判

時間：二〇〇二年八月五日

八月三日，陳水扁在總統府透過視訊直播的方式，向在日本東京舉行的世界台灣同鄉會聯合會第二十九屆年會成員表示，台灣是一個主權獨立的國家，不是別人的一省或地方政府，「台灣與對岸中國，一邊一國，要分清楚」。同時，陳亦強調「大家認真思考公民投票立法的重要性與急迫性」。隨後，西方國家及日本的主要媒體即以頭版篇幅報導指出，「台灣提出獨立主張」。至於中共方面的反應，根據八月五日香港星島日報引述北京的消息指出，陳水扁的言論是其台獨面目大暴露，大陸將結束「聽其言觀其行」，不排除採取當年對付李登輝發表「兩國論」的激烈做法，在近期內宣佈大規模軍事演習，並擱置兩岸民間三通談判。此外，香港文匯報表示，本月中旬，共軍將在南京戰區和廣州軍區沿海的東山島等地，相繼舉行三軍聯合演習，而今年演習的特點之一，是將戰略目標訂為台灣本島，而非離島。八月五日中午，中共國台辦正式對陳水扁的言論作出回應，表示其已充份暴露頑固的台獨立場，結果是將台灣引向災難。客觀而言，陳水扁的「一邊一國」論，挑動了兩岸的敏感神經，其是否將引爆台海安全形勢的「發火點」，仍待進一步的密切觀察。然而，根據日前美國國防部所發表的「中共軍力評估報告」，以及「美中安全檢討委員會」所提出的分析，兩者均對日趨複雜及不穩的台海安全形勢，提出審慎的研判，其要點如下：

第一、北京和台北雙方都一致地對外宣稱，運用和平的手段解決「台灣問題」是其基本的立場。然而，面對兩岸懸殊的大小比例，北京顯然採取政治、經濟，以及軍事的綜合性威懾措施，意圖逼迫台北坐上談判桌，並接受中共方面所提出的統一條件；對於台北而言，積極援引國際力量的介入，尤其是美國的支持，也成為抗拒中共威懾壓力的重要憑藉。因此，牽動台海安全形勢的關鍵因素，已經不只限於兩岸雙方，事實上，北京與美國華府間，針對台灣議題的交鋒，將會對台海和戰形勢的變化，產生巨大的影響。

第二、北京方面對於美國因素的介入與影響，不僅了然於胸，同時也積極地投入資源，以為因應美軍介入台海戰爭預作準備。當北京方面認為台海問題唯有使用軍事手段才能解決時，其首先將會動用媒體輿論力量，向國際社會表示，台灣問題是中國的內部事務，任何國際勢力的干預與介入，都缺少正當性的基礎；同時，北京方面亦會強調，其對台灣採取軍事手段是肇因於台灣方面的挑釁所致，針對反制國際力量的介入，北京將會運用「不對稱性戰略能力」，抵銷外部的威脅，尤其是美國的航母戰鬥群支援台灣的部署。北京方面將可能運用奇襲戰略，嚇阻美軍介入台海戰事。不過，共軍雖然有意防阻美軍的介入，但是以目前中共的海、空軍戰力，以及反潛作戰、登陸作戰、彈導飛彈戰力和後勤支援能力的不足，其是否能遂行嚇阻美軍介入的戰略目標，仍然有相當大的討論空間。

第三、台北的軍事能力在面對共軍的威懾攻勢，呈現出相當程度的脆弱性。尤其是面對北京在針對性的彈導飛彈攻擊、優勢的潛艦封鎖能力，以及新引進的蘇愷三十型戰機所具有遠程奔襲戰力的空中打擊能力，台北軍方目前的軍備能力顯然無法應付。因此，美國方面若有意強化台北方面獨自承擔面對共軍威脅的能力，則有必要繼續與台北軍方進行戰略性對話，並就威脅分析、軍事準則、兵力規劃等議題，進行深入的探討。此外，美國也必須在對台軍售的政策與行動上，展現出一致性的具體措施，以維持台海兩岸在軍事能力上的動態平衡。

第四、目前台北的軍事能力必須加強三個主要項目，包括（一）維持台海上空及接戰區域的空中優勢戰力；（二）擁有具體反封鎖的軍事能力及相關準備；（三）能夠有效擊敗來自中共方面的兩棲攻擊兵力。針對這些戰力的要求，台北軍方需要強化「協同作戰」的能力，以及在電子戰、資訊戰和預警能力方面提升層級，才可能面對日益複雜及嚴峻的台海安全形勢。

第五、中共當局對於台灣方面傾向台獨的政策路線疑慮日深，因此，針對反制台獨的軍事準備亦日益強化，美國方面根據台灣關係法執行支持台灣安全與民主的複雜度將增加，行政部門及國會間的共識也將會更形迫切與重要。

備忘錄 六九

民進黨操作「一邊一國論」的策略思維

時間：二〇〇二年八月八日

八月三日，陳水扁在總統府透過視訊直播的方式，向在日本東京舉行的世界台灣同鄉會聯合會第二十九屆年會成員表示，「台灣與對岸中國，一邊一國，要分清楚」。同時，陳亦強調「大家認真思考公民投票立法的重要性與急迫性」。隨後，西方國家及日本的主要媒體即以頭版篇幅報導指出，「台灣提出獨立主張」。八月五日中午，中共國台辦正式對陳水扁的言論做出回應，表示其已充份暴露頑固的台獨立場，結果是將台灣引向災難。至於美國方面的反應，白宮國安會發言人麥克馬克在八月七日明確指出，美國長期以來的「一個中國」政策十分明確，也未曾改變，美國不支持台灣獨立。此外，美國籲請海峽兩岸雙方，避免做出威脅兩岸關係和平穩定的行動，並採取步驟恢復對話。

基本上，民進黨拋出「一邊一國論」的議題，是經過精心設計的策略，其目標在於凸顯台灣是主權國家的地位，並為推動「公投立法」奠基，進而累積二〇〇四年總統大選的籌碼，在國政議題上取得主導性的制高點。據瞭解，以陳水扁為首的民進黨高層核心認為，台灣的主流民意傾向於在維持政治自主性的基礎上，與中國大陸發展建設性的經貿互動關係；中共當局雖然表明台獨意味戰爭，但是面對美國的優勢軍力，亦有所顧忌；美國政府與國會基本上已經接受民進黨的遊說，認為兩岸維持分裂態勢，有利於美國在西太平洋的戰略佈局，同時，美國行政部門對於台灣建立「公民投票」的程序民主機制，也不便公開反對，甚至在美國的國會及輿論界，將可獲得更多的支持。因此，陳水扁在世台會提出「一邊一國論」前，已經判斷中共不會對台用武，美國會做出「不支持台灣獨立」的宣示。藉此，陳水扁既可贏得台獨人士的支持，又可以具體行動回到「新中間路線」，繼續推動兩岸的經貿互動，包括開放台商投資大陸，公佈八吋晶圓廠登陸要點，以及開放陸資投資台灣不動產等措施。此外，民進黨更將堅持「公投立法」的民主正當性，做為抹黑在野黨反民主的利器。

備忘錄 七〇 台美軍事合作的挑戰與契機

時間：二〇〇二年八月十六日

八月十四日，美國國安會發言人麥克馬克指出，台灣關係法是美國對台軍售的主導法律，美國將會持續履行承諾的對台軍售項目。然而，國防部長湯曜明於八月十五日的記者會上則公開強調，國軍採購武器必須審慎評估、精打細算，「絕不允許予取予求」，不能說對方「要我買什麼，我就買什麼；要給我什麼，我就接受什麼」。換言之，國軍在思考規劃「台美軍事合作」及「對美軍購」的重大國家安全戰略議題，已經能夠站在更高的視野，朝「最低代價、最高效益」的軍購目標前進。

基本上，「台美軍事合作」及「美國對台軍售」，都是屬於美國在西太平洋整體戰略佈局的部份。國軍方面已經瞭解到，在美國的亞太戰略利益量表中，台灣可能會被擺在「美日軍事同盟圍堵中共的戰略前沿」、「美國與中共發展建設性合作關係的障礙」，或「和平演變中國大陸民主示範」等三個不同的位置。目前美國方面透過軍事合作的途徑，意圖對國軍的整體戰力，包括理念、意志、裝備、訓練、人員素質，以及軍事戰略的內容等項目，進行全面性的瞭解，做為調整台灣在美國戰略利益量表位置的重要參考。然而，從中華民國利益的著眼點出發，倘若美國把台灣擺在「戰略前沿」的位置，國軍在「美國對台軍售」的議題上，就可以採取較堅持的立場，要求美國對台進行軍事援助，或者以租賃的方式提供先進的軍事裝備；倘若美國把台灣視為其與中共發展合作關係的障礙，則我國花費大筆金錢向美國購買武器，豈不成為「被人賣掉還要替人數鈔票」的凱子；如果台灣能夠被美國視為「和平演變中國大陸的民主示範」，我國不僅不需要在軍事採購上過度投資，同時，還可以透過民主機制，凝聚朝野共識，在美國的支持下，推動兩岸的和解，為避免台海的軍事衝突，奠定互利雙贏的基礎。

目前，民進黨的主流意見傾向於，積極向美國爭取成為「圍堵中共戰略前沿」的角色。在野黨則應妥謀攻守策略，一方面要求民進黨政府向美國爭取「軍事援助」，以節省巨額的軍購支出，同時，亦應加強推動建設台灣成為「和平演變中國大陸民主示範」的角色，做為爭取「兩岸三邊」主流民意支持的核心價值。

備忘錄七一

透視民進黨政府操作「兩岸三邊牌」的策略思維

時間：二〇〇二年九月一日

自今年七月下旬陳水扁正式接任民進黨主席，並公開強調「要走自己的路」以後，民進黨政府連續祭出幾項重要的動作，包括八月三日在世台會上提出「台灣中國、一邊一國，加速推動公投立法」的主張；派出游錫堃及蔡英文赴美遊說「扁式兩國論」；推出「美日台三邊戰略對話」，鼓吹台美日建立軍事安全同盟機制；安排呂秀蓮進行南向印尼的外交攻勢；運用「大溪會議」展現府院黨共識，並揭櫫「安全、民主、經濟」做為凸顯台灣自主性的支柱；舉辦「亞太民主合作論壇」，鼓吹民主國家結盟對抗中共的理念；提出積極與美、日、新加坡、紐西蘭、巴拿馬等五國，洽簽「自由貿易協定」的時間表，以及公佈兩岸直航的談判架構和時間表。

自從五月八日，國民黨主席連戰揭示，二〇〇四年的總統大選，國民黨將以「國親合作」為基礎，推動第二次政黨輪替之後，民進黨政府隨即意識到，一旦「泛藍軍」在總統大選上能整合成功，其尋求連任也將會陷入苦戰。因此，以陳水扁為核心的「泛綠軍」積極地展開佈署，企圖運用執政的優勢，在台灣內部、兩岸互動、亞太地區，以及對美國關係上，透過「區域安全、經濟合作、民主政治」三項核心議題，累積總統大選的籌碼。就台灣內部方面，民進黨政府的策略目標是促使國親合作破局，讓其繼續享有相對多數的優勢；在兩岸互動的領域上，逐步地推出經濟開放的措施，引誘中共落入「以通促獨」的佈局，使民進黨政府既可贏得「中間選民」的支持，又可保有「基本教義人士」的選票；在亞太地區方面，民進黨政府意圖爭取日本右翼輿論及政界人士的支持，並積極推動南向政策，凸顯台灣的「國家」地位；尤其值得注意的是，民進黨政府更將爭取連任的工作重點放在美國身上，其一方面向美方強調，民進黨主張的「一邊一國」政策，符合美國在亞太地區的戰略利益，同時，民進黨政府亦積極向美方爭取恢復五〇年代「中美協防機制」的軍事合作關係；此外，其亦呼籲美方重新檢視上海公報的基本前提，並正視台灣政治民主化後的政治現實。換言之，民進黨政府有意將二〇〇四年總統選舉，定位成「台灣中國、一邊一國政策的公民投票」。民進黨認為，只要未來一年半間，美國公開表示願意與台灣強化軍事安全合作關係，與台灣完成「美台自由貿易協定」的洽簽談判，並強調台海地區仍然擁有基本的和平穩定，屆時，民進黨在總統大選上即可贏得優勢。

備忘錄 七二

維持大陸能源供給的挑戰

時間：二〇〇二年九月七日

根據中共對外貿易經濟合作部的資料顯示，中國大陸於二〇〇一年的國民總產值（GDP）已經達到一兆二千億美元，對外貿易總額超過五千億美元，外匯存底總額有二千三佰億美元，引進外貿總額高達四佰六十億美元。美國中情局於去年初發佈的「二〇一五年全球趨勢報告」亦指出，倘若中國大陸繼續維持每年百分之七的經濟成長率，其將在二〇一五年左右超過日本，成為亞洲最大的經濟體。不過，近日以來有不少研究機構及專家亦表示，中國大陸的經濟發展仍然面臨諸多結構性的瓶頸有待克服，其中包括政府財政赤字、銀行體系的呆帳、城鄉貧富差距懸殊、黨官貪污腐敗、社會法治不張等，都可能妨礙大陸經濟的正常發展。此外，值得各界重視的是，中國大陸自一九九三年開始已經成為石油能源的進口國，預計未來大陸的經濟成長，其依賴進口能源的比例會快速攀升，此趨勢也將會牽動中共整體軍事安全戰略部署的動向。六月二十日出刊的遠東經濟評論（Far Eastern Economic Review），即以專題報導深入剖析中國大陸尋求穩定能源供給的挑戰，其要點如下：

第一、今年的四月二十一日，中共當局邀請印尼和澳大利亞的天然液態瓦斯公司，參加一項提供廣東省發電廠二十年期，價值一百三十億美元的天然瓦斯能源供給競標計劃。這項巨額海外能源供給案的另一個競標者是中東國家卡達。從這個訊息顯示，中共當局正積極地佈署其海外能源供給地區，並計劃分散進口能源的國家，以降低對中東地區能源的依賴程度。目前中國大陸內部的能源產量僅足夠供給百分之七十的需要量，另有百分之三十仰賴進口。根據美國能源資訊局的統計顯示，二○○○年時，大陸每天要消耗四百七十八萬桶的原油。到二○二○年時，大陸每天預計要消耗一千零五十萬桶原油，並且將取代日本成為僅次於美國的原油消耗國。此外，其亦估計，大陸到二○二○年時仰賴進口的原油比例將高達百分之六十以上。美國普林斯頓大學的專家即表示，東亞地區的國家為了確保能源供應的安全，極可能會演變成激烈的軍備競賽，甚至爆發爭奪能源的軍事衝突。

第二、目前中國大陸原油進口的主要地區包括伊朗、阿曼、葉門，以及沙烏地阿拉伯。但是中共當局為分散海外能源供應地區，正積極地與印尼、澳大利亞、委內瑞拉、秘魯、伊拉克、蘇丹、阿塞巴疆、哈薩克斯坦等國家，進行能源共同開發的合作計劃。倘若這些計劃都能夠順利的進行，中共估計將可掌握二十七億桶左右的海外石油儲備量。此外，中共亦積極地與中亞國家及俄羅斯進行協商，計劃耗資四十六億美元，興建自裏海經中亞到中國大陸的油管，以及自俄羅斯的西伯利亞到中國大陸的天然瓦斯管線。儘管有不少戰略專家認為，這項計劃的政治風險相對較高，因為中共與俄羅斯之間的互動關係是否能維持長期的穩定，仍有高度的不確定性。但是，中共當局仍將此項計劃列為開拓能源的重點工作。

第三、維持天然瓦斯的穩定供給亦是目前中共方面積極準備的重點。根據二〇〇二年國際能源展望的資料顯示，天然瓦斯的消耗量佔全球能源消耗量的百分之二十三，卻只佔中國大陸能源消耗量的百分之三。估計未來二十年，大陸的天然瓦斯消耗量將佔全球消耗量的百分之十以上。為了要滿足這種需要，中共當局計劃耗資一百八十億美元，興建連接塔里木盆地天然瓦斯產地到上海地區的管線。不過，已經有不少分析家認為，由於新疆地區的天然瓦斯藏量並不是很豐富，這項投資是否符合經濟效益，仍然有待進一步評估。據此觀之，中國大陸在可預見的將來，仍然要依賴中東地區的原油進口。因此，中共如何確保自中東，經由印度洋、麻六甲海峽、南海、台灣海峽，到大陸東岸的航線安全，以維持穩定的石油能源供給，勢必將成為中共部署其國防安全戰略的重大課題。

第四、亞太地區的主要國家包括日本、南韓，以及中華民國都是靠進口的能源來發展經濟，一旦中國大陸為發展經濟而大幅增加能源的進口，其勢必會導致亞太國家為爭奪能源而產生關係緊張的局面。屆時，美軍在亞太地區駐軍對日本及台灣而言，也將會愈來愈重要。

備忘錄 七三

台灣獨立與美國的反應

時間：二〇〇二年九月十五日

陳水扁於八月三日拋出「一邊一國、公投立法」的議題，是經過精心設計的策略，其目標在於凸顯台灣的「國家」地位，並為推動「公投建國」奠基，進而累積二〇〇四年總統大選的籌碼。據瞭解，以陳水扁為首的民進黨高層核心認為，台灣的主流民意傾向於在維持政治自主性的基礎上，與中國大陸發展建設性的經貿互動關係；中共當局雖然表明台獨意味戰爭，但是面對美國的優勢軍力，亦有所顧忌；美國政府與國會基本上已經接受民進黨的遊說，認為兩岸維持分裂態勢，有利於美國在西太平洋的戰略佈局，同時，美國行政部門對於台灣建立「公民投票」的程序性民主機制，也不便公開反對，甚至在國會及輿論界，將可獲得更多的支持。因此，陳水扁在世台會拋出「一邊一國論」前，已經判斷中共不會對台用武，美國會做出不支持「台灣獨立」的宣示，以便繼續推動兩岸的經貿互動。此外，民進黨更可運用「公投立法」的民主正當性做為抹黑在野黨反民主的利器。今年的七月三十一日，長期研究兩岸關係的美國大西洋理事會研究員拉薩特博士（Martin L. Lasater），在「台灣安全研究電子報」，發表一篇題為「Taiwan Independence and the U.S. Response」的專論，客觀地剖析美國對台灣宣佈獨立的可能反應，其要點如下：

第一、近日以來，台灣內部主張建立「台灣共和國」的聲音，似乎又開始熱絡起來；中共方面一再地以威脅的態度強調，「台獨意味戰爭」；至於美國方面，雖然官方宣稱美國不支持台灣獨立，但是，一旦台灣宣佈獨立時，華府將會如何反應，卻仍然沒有真正的定論。至少以目前的客觀形勢而言，美國是否會支持台灣獨立，將受到十四個可能發生的因素所影響：（一）中共對台灣宣佈獨立的反應；（二）中共綜合實力的強弱；（三）中共與美國的互動關係；（四）中共的政府體系及政治改革的前景；（五）台灣獨立的訴求內涵；（六）台灣內部對台灣獨立的共識強度；（七）台灣軍隊抵擋中共武力攻台的能力；（八）台灣宣佈獨立的環境與時機；（九）美國內部對北京及台北政治支持的強度差異；（十）美國總統個人對台灣獨立的態度；（十一）美軍介入台海情勢的程度；（十二）美國在西太平洋地區的整體戰略佈局；（十三）美軍與共軍在台海地區交鋒的結局；（十四）台海爆發衝突後的國際反應。

第二、對於多數關心台海情勢的美國人民、企業，以及政府官員而言，台灣的自由民主與中共專政體制的腐敗，已經形成明顯的對比。但是倘若要以美國和中共發生戰爭，或產生嚴重的政治對立，做為提升美國與台灣實質關係的代價，多數的美國人士可能仍將認為現狀是比較有利的選擇。不過，在下述十四種狀況出現時，美國的主流民意將會傾向於支持台灣獨立：（一）中共同意台灣成為一個主權獨立的國家；（二）中共本身的綜合實力變弱，無法維持領土的完整；（三）中共與美國正式翻臉成為敵人；（四）中共維持一黨專政，政治改革毫無進展；（五）台灣尋求脫離中共的主宰，但卻無意永久告別歷史的中國；（六）台灣內部主張宣佈獨立的共識極高；（七）台灣的軍力能夠抵擋中共的攻擊，並等候美軍的馳援；（八）台灣在中共無端對台採取軍事行動後，宣佈台灣獨立；（九）美國內部對台灣的政治支持遠高於對中共的政治支持；（十）美國總統及其核心外交顧問群，傾向於在政治及軍事上支持台灣；（十一）美國在美國政府及人民能夠接受的成本範圍，運用武力在台海地區嚇阻或擊敗中共的軍隊；（十二）中共逐漸形成美國在全球及西太平洋地區領導地位的對手或潛在威脅；（十三）美國的主流民意傾向於支持防衛台灣並提升雙方的關係層級；（十四）國際輿論支持美國軍隊介入台海地區，以及提升美台關係的實質內涵。

第三、就目前台北、北京、華府的綜合形勢觀之，除非中共同意台灣獨立，否則美國要運用前述的因素，支持台灣獨立並提升雙方關係的層級，其可能性及可行性仍然相當渺茫。

備忘錄七四

民主政治與兩岸關係

時間：二〇〇二年九月二十日

自從五月八日國民黨主席連戰揭示，二〇〇四年的總統大選，國民黨將以「國親合作」為基礎，推動第二次政黨輪替。民進黨政府隨即意識到，一旦「泛藍軍」在總統大選上能整合成功，其尋求連任也將會陷入苦戰。因此，以陳水扁為核心的「泛綠軍」也積極地展開部署，企圖運用執政的優勢，在台灣內部、兩岸互動、亞太地區，以及對美關係上，透過「區域安全、經濟合作、民主政治」三項核心議題，累積總統大選的籌碼。尤其值得注意的是，民進黨更將爭取連任的工作重點放在美國身上。其一方面向美方強調，民進黨主張的「一邊一國論」，符合美國在亞太地區的戰略利益；同時，扁政府亦積極向美方爭取恢復五〇年代「中美協防機制」的軍事合作關係；此外，其亦呼籲美方重新檢視「上海公報」的基本前題，並正視台灣政治民主化對兩岸關係的結構性衝擊。換言之，扁政府有意將二〇〇四年的總統選舉，定位成「台灣中國、一邊一國政策的公民投票」。今年八月二十五日，世亞盟在扁政府的支持下，舉辦一場「亞太民主合作論壇」，公開揭示由亞太地區的民主國家結盟，共同對抗亞太地區的共產國家。然而，在研討會中，美國海軍研究中心戰略研究所主任麥克德維（Michael A.

McDevitt），卻以嚴肅的態度強調，台灣地區政治民主化若與台獨劃上等號，則兩岸關係趨向軍事衝突的可能性，將會大幅地上升。現謹將其論文要點分述如下：

第一、西方政治學者根據實證資料普遍認為，民主國家與民主國家之間，彼此爆發軍事衝突的可能性相對較低，而其中的主要原因在於，民主國家在處理國際紛爭時，傾向於透過內部及外部的協調機制尋求解決之道，而非採取直接的對抗性措施。然而，近期以來新崛起的民主國家，其成長茁壯的基礎，往往是強烈的民族主義，而不是透過穩定的協調機制發展。因此，新興的民主國家彼此間爆發軍事衝突的可能性，將比較難以預測。就台海兩岸的對峙與競爭狀況而言，近日以來，有部份的美國學者強調，一旦中國大陸也逐漸演變成為民主國家時，其可能會在民族主義的驅策下，運用軍事性的冒進行動解決台灣問題。此外，就台灣地區的政治民主化的發展觀之，其也可能會在民族主義的驅策下，對中共採取較激烈的挑釁措施，並以宣佈台灣獨立，將兩岸的緊張程度拉到衝突的臨界點。

第二、長期以來，美國方面對於處理兩岸關係的議題，基本上認為，兩岸保持現狀等待中國大陸的民主演變，並為雙方和平解決歧見創造有利的空間與條件，是美國所可以接受的。但是，台灣方面在經過二○○○年的總統大選，以及二○○一年底的國會大選之後，目前執政的民主進步黨表示，台灣的人民不是中國人，所以一九七二年的「上海公報」所強調的「台海兩岸的中國人共同認為」之前題基礎，已經不復存在，因此，其原則也將不再適用於兩岸關係的新現實。換言之，民進黨強調，台灣民主政治的變化，已經對兩岸關係的本質，形成結構性的衝擊。

第三、台灣內部政治結構的變化，對中共而言，也形成了一種兩難的局面。目前中共必須運用武力嚇阻台灣獨立，但是，這種武力威懾的手段，對於營造台灣人民願意選擇與大陸統一的氣氛與基礎，卻有嚴重的破壞作用。對於美國而言，為台灣與中共開戰，當然不利於美國在西太平洋的戰略利益。但是，由於中共的武嚇動作，卻把台灣推向美國的軍事安全保護傘之下。一方面台灣的民主政治得以有機會成長茁壯，但是，卻也為日後台灣選擇獨立，並且對兩岸關係造成衝擊，埋下了深層的火藥庫。

第四、儘管兩岸的關係在政治及軍事的層面上，很難看到化解歧見的機會，但是，雙方之間的經濟整合，卻為這種難題提供了解決的契機。更值得注意的是，不僅台灣與大陸的經濟整合會產生長遠的戰略性影響；事實上，美國與中國大陸間的經濟整合，其所產生的長程戰略性影響，更將牽動兩岸關係的結構性變化。因此，現階段對於民主轉型後的台灣而言，其最佳的策略仍然是不宣佈「法理上的獨立」，不放棄建軍備戰，等待大陸的民主演變，讓兩岸透過協商化解歧見，而不是訴諸武力來解決問題。

備忘錄 七五

美「中」互動的新趨勢

時間：二〇〇二年九月二十五日

今年十月下旬，中共國家主席江澤民將赴聯合國大會演講，並在美國進行訪問。目前美「中」雙方為營造江澤民訪美的氣氛，均以低調的態度來處理近期以來發生的摩擦事件。與此同時，在華府的重要智庫亦紛紛提出建議，盼望美「中」雙方能運用此次層峰會面的機會，共同針對數項合作與分歧的議題，提出互動的新架構，藉以將美「中」關係導向建設性的方向發展。九月中旬，「尼克森中心」發表一份探討九一一事件後美「中」關係的政策建議報告「US-China Relations in a Post-September 11th World」，文中強調，現在美國的國家安全戰略是以反恐戰爭為主軸，然而，妥當的應對中共政策將有助於反恐戰爭的勝利，並將提升美國的長遠利益。這份政策建議報告亦針對影響美「中」互動的關鍵議題，提出深入的剖析，其要點如下述：

第一、布希政府執政初期曾經認真地思考，如何準備同時因應中共軍力崛起對美國長遠利益的潛在威脅，以及積極與中共進行經濟上、文化上，和政治上的密切互動。在這個戰略思維架構下，運用具體的措施提升台灣的軍事能力，以嚇阻中共武力犯台，也成為美國對付中共崛起的策略之一。然而，此項戰略思維在九一一事件後，已經在布希政府內部受到質疑。有若干人士認為，台灣海峽的軍事化將不利於「兩岸三邊」的正常互動；台北方面有若干人士意圖運用布希政府的支持，積極推動一些可能導致美國利益嚴重受損的政策；倘若布希政府無法妥善處理台北方面所提出的要求，其將會影響到北京當局在反恐行動上的合作意願，並造成美國盟邦對反恐戰爭行動，產生不確定的焦慮感；同時，台北及北京各自的冒進行為，包括中共方面持續地運用武力威懾方式對付台灣等行為，也將會阻礙美國的領導層與中共現任和新興領導群的正常交往。

第二、現階段影響美「中」關係變化的四項主要政策議題包括：（一）執行反恐戰爭並尋求中共的合作。美國需要中共提供反恐戰爭的重要情報、支援合作切斷恐怖份子的金脈，以及運用中共影響巴基斯坦，進而配合美國在南亞的反恐活動；（二）防止核生化武器及大量毀滅性武器的擴散。目前美國已經編列近千億美元，做為本土安全防衛的預算，同時其最擔心的是恐怖份子在美國本土引爆核生化武器，因此，美國需要中共支援，牽制及約束北韓、伊朗、伊拉克等國對恐怖份子在核生化武器的獲得；（三）美國與台灣關係的質量變化。目前台灣與中國大陸間，同時存在著密切的經貿互動和政治對立。台灣的企業主為了提升其在全球市場的競爭力，紛紛在大陸設立生產基地，此外，台灣的主流民意對於爭取國際人格，參與國際組織的聲浪亦有增無減。北京方面為了嚇阻台灣宣佈法理上的獨立，亦積極從事軍事準備，並以嚇阻美軍介入台海戰事，做為軍事戰略規劃的要點。因此，美國必須思考，其是否應鼓勵兩岸在經濟上和文化上進行更加密切的互動？同時，美國亦應評估，其對於支持台灣尋求國際人格的意願與行動，願意付出多少代價；（四）中國大陸內部政局的穩定和政治領導層的變化。目前大陸的經濟狀況雖然有高速的成長，但是卻也面臨到日益嚴峻的結構性難題，其中包括加入WTO後所面臨的跨國企業競爭、貧富差距擴大所引發的民怨、呆帳嚴重的銀行體系、改革遲緩的國有企業，以及失業盲流爆增等問題。此外，中共十六大後，其領導階層亦將會有明顯的變動。美國必須密切的觀察中共的新領導層，是否能有效地處理日益複雜的挑戰，同時，美國亦需營造一些機會與氣氛，增加與中共新興領導人的互動，藉以瞭解其理念、思維邏輯，以及對美國的態度。

第三、華府當局有必要明確地告知台北，其處理兩岸關係的政策底線，同時並勸告台北當局應把更多的精力時間放在經濟競爭力的提升。此外，布希政府可利用十月間江澤民訪美的時機，發表全面性的中國政策。

備忘錄 七六

現階段台海情勢的變化動向

時間：二〇〇二年十月一日

二〇〇四年的總統大選是考驗國民黨浴火重生的關鍵，而台海情勢的議題也將成為各方競逐攻防的焦點。目前民進黨有意將選戰主軸，定位成「台灣中國、一邊一國」政策的公民投票，同時，其認為只要在未來的一年半期間，促使美國與台灣強化軍事安全合作機制，完成「台美自由貿易協定」的簽署，並由美國公開肯定陳水扁政府維持台海穩定的措施，屆時，民進黨候選人即可在兩岸議題上，取得攻防的制高點。面對民進黨規劃二〇〇四年總統大選的佈局，國民黨應以戒慎恐懼的態度，客觀正確地掌握台海情勢變化的動向，並據此妥謀策略破解陳水扁以「台灣自主性」及「美國牌」做為主軸的整體選戰佈局。

自從陳水扁在八月三日發表「扁式兩國論」之後，中共當局對於民進黨政府傾向台獨的政策，疑慮已明顯加深。然而，台灣內部政治結構的變化，對中共而言，也形成一種兩難的局面。目前中共必須運用武力嚇阻台灣獨立，但是，這種武力威懾的手段，對於營造台灣人民選擇與大陸統一的基礎，卻有嚴重的破壞作用。對於美國而言，台灣與中共開戰，勢必不利於美國在西太平洋的整體利益。但是，由於中共的武嚇動作，也把台灣推向美國的軍事安全保護傘下，一方面台灣的民主政治得以有機會成長，但是，卻也為日後台灣選擇獨立，並且對兩岸關係造成衝擊，埋下深層的火藥庫。

目前，民進黨擔憂兩岸間日益密切的經濟整合，將會破壞其「一邊一國」政策路線的實現；中共方面則懷疑民進黨政府與「美日反華集團」，正積極串聯推動「台灣建國」計劃；美國當局則擔心會被「台海衝突」拖下水，與中共進行軍事對抗。據此觀之，陳水扁意圖藉「台灣自主性」及「美國牌」，做為規劃其總統大選的策略主軸，仍然有許多盲點。國民黨應認知兩岸關係在政治及軍事的層面上，仍難看到化解歧見的機會，但是，雙方之間的經濟整合，卻提供了兩岸良性互動的契機。因此，國民黨主張現階段對於民主轉型後的台灣而言，其面對中共最佳的策略是，不宣佈「台灣獨立」，不放棄建軍備戰，促進大陸民主演變，讓兩岸透過對話協商化解歧見，而不是訴諸武力來解決問題；在面對美國方面，則應積極強調國民黨執政，將促使兩岸導向「制度競爭」，而民進黨的政策是走「兩岸兵戎相見」的道路。此外，國民黨對「台美自由貿易協定」及「台美軍事安全合作機制」的議題，應主動爭取參與，並要求陳水扁政府「用最低的代價，爭取最大的效益」。

備忘錄 七七

台海問題中的政經基礎

時間：二〇〇二年十月十一日

十月九日，立法院副院長江丙坤在國民黨中央常會呼籲，兩岸政府應積極促成簽訂「五十年和平協定」，並建議以彰濱工業區作為兩岸經貿營運特區的第一個試點，同時將人民幣列入ＯＢＵ掛牌，以利台商資金回流，進而發展台灣為亞太金融中心。江丙坤強調，朝野應建立「錢流台灣、人進台灣」的經濟發展共識，重新定位台灣經濟以製造為主，並往科技島與亞太營運中心方向，同步發展。因此，他主張兩岸簽署五十年和平協定，全力發展經濟，儘速開放兩岸直航。隨後，統一集團總裁高清愿發言表示，談政治沒有用，發財最重要，台灣跟大陸的資金如果合作利用，就可以去賺全世界的錢。因此，他主張兩岸不談政治五十年，儘速推動兩岸三通。

近年以來，中國大陸已經成為全球的製造基地。隨著其與世界各國經貿互動的強化，中國大陸成為全球性的經濟強權，也只是時間的問題。在此同時，台灣與大陸間的互動也出現了史無前例的密切程度。毫無疑問的是，台灣的經濟繁榮將明顯地受制於台北與北京間政治關係的變化。到目前為止，北京方面處理「台灣問題」的策略，仍是按兩項原則進行，包括：（一）

堅持主權與領土完整，不放棄使用武力，以遏止「台灣獨立」；（二）以軍事為後盾，經濟利益為誘餌，懷柔與強硬手段交織運用，對島內「打進拉出」，耗損台灣的「有生力量」，對國際「孤立台灣」，封殺中華民國的國際生存空間，以「內外夾攻、全面包圍」的戰術，逼使坐上談判桌，達成以北京為主導的「和平統一、一國兩制」。日前，一位中共的高層官員就曾經向美方重要人士表示：「我們的經濟是我們最好的武器，我們不會打台灣，我們用買的。這種作法是很中國式的」。

過去十年以來，國民黨曾經就兩岸關係與大陸政策，先後提出「國家統一綱領」、「階段性兩個中國」、「特殊國與國關係」、「一個中國、各自表述」、「中華邦聯」，以及「簽署五十年和平協定」等主張與論述。中共一概以堅持「一國兩制」做為回應。政黨輪替以後，中共對民進黨政府經過「聽其言，觀其行」的階段，已將其定性為「台獨路線的支持者」，進而加強對台灣「強硬手段」的運用。以目前兩岸經貿互動的深度觀之，民進黨政府的「台獨路線」正好成為中共遂行耗損台灣「有生力量」的最佳藉口及有利的工具。國民黨應針對「台獨路線」已成為破壞台灣經濟的元凶，向全民揭發，並據此做為推動「兩岸簽署五十年和平協定」的論述基礎。

備忘錄 七八

台灣因應中共飛彈威脅的對策

時間：二〇〇二年十月三十日

自從一九九五—六年間，中共當局連續數度試射短程彈導飛彈，意圖威脅台灣安全之後，我國即積極地從事於有關因應中共飛彈威脅的建軍規劃與部署。隨著中共方面瞄準台灣的飛彈數量逐年增加，據美國國防部發表的中共軍力評估報告指出，目前的彈導飛彈數量已經達到三百五十枚左右，估計到二〇〇五年時將達到六百枚。國民黨執政時期曾經公開呼籲，只要中共方面撤離針對台灣的飛彈部署，台北方面也就沒有參加「戰區飛彈防禦系統」的問題了。十月二十六日，陳水扁亦指出，中共在沿海部署飛彈瞄準台灣，顯示其仍沒有放棄以武力犯台的意圖。當聯合報訪問團於十月十六日，就有關陳水扁呼籲中共撤除對台飛彈部署的議題，向錢其琛提問時，錢其琛則明確的指出，中共的軍事部署是根據國防需要來安排，不是可以討論的。據此觀之，兩岸間雖然即將迎接一個直航三通的新形勢，但是雙方的軍事對峙狀況，仍然沒有鬆懈的理由。今年十月十七日，美國中情局支持的外圍研究智庫「蒙特利爾國際問題研究所」中的「反武器擴散研究中心」，即發表一份題為「Taiwan's Response to China's Missile Buildup」的報告。作者孫飛博士（Philip C. Saunders）以深入淺出的分析，探討我國因應中共飛彈威脅的對策，其要點如下：

第一、台灣海峽是東亞地區最危險的「發火點」之一。由於中華人民共和國的大量毀滅性武器數量不斷增加，其中部署在東南沿海的短程及中程彈導飛彈，現在即有三百到三百五十枚左右，同時，這些東風十五型、東風十一型，以及東風十五A型的飛彈，仍以每年五十枚的速度在增加。中共方面認為，未來的五年內，台灣內部支持台獨的勢力將會擴張，屆時，中共方面將運用彈導飛彈的武力，來嚇阻台灣方面的分裂行動。

第二、台灣方面為因應中共飛彈的威脅，採取軍事性及政治性的策略，意圖維持台海形勢的現狀，以符合台灣主流民意的願望。在軍事性的策略方面，台北當局為防禦中共方面來襲的飛彈攻擊，其可能採取的措施如下：（一）加強鞏固重點軍事設施，以減少中共飛彈的殺傷力及破壞力，並藉此保存戰力，進而嚇阻中共的登陸攻擊；（二）強化飛彈防禦能力，以減少來襲飛彈的破壞程度與範圍。目前台灣方面已經擁有愛國者二型反飛彈體系，另亦積極向美國方面爭取陸基型及海基型的先進飛彈防禦武器，以強化戰力；（三）執行全民國防政策以強化民防體系的應戰能力，尤其是在因應中共飛彈攻擊所造成的心理恐慌狀態。健全的民防體系與動員能力將可彌補飛彈防禦體系的效果；（四）積極準備反制飛彈攻擊的戰力，包括直接攻擊中共飛彈基地，或者摧毀主控飛彈攻擊的指管通情偵蒐體系。為了達成這項戰力，台灣必須強化精準的飛彈打擊能力，並加強空軍的先制空襲能力；（五）發展戰略性嚇阻能力，其中包括擁有能夠攻擊大陸重要的政經軍等設施的中程彈導飛彈，甚至考慮恢復研發核子武器，做為反制中共飛彈威脅的關鍵性嚇阻戰力。

第三、台灣方面在因應中共飛彈威脅的政治性策略包括：（一）刻意將中共的飛彈威脅視為一種虛張聲勢的作法。基本上，中共方面仍然認為，對台灣採取全面性的軍事行動，其必須付出的代價太高，因此，對於維持現狀的安排亦不排斥；（二）由於中共飛彈的精準度仍然不夠，因此，心理恐嚇作用遠超過軍事破壞功能。台北方面只要拖住戰局，等待美軍馳援介入即可。不過，這項政治性的策略將隨著中共飛彈日益精良，以及美國與中共關係逐漸增溫，而顯得不切實際；（三）蓄意維持台灣的脆弱性，並藉此理由引誘美國提前介入台海爭端，或者增加在此地區軍事應變計劃的兵力。

第四、基本上，台北方面因應中共飛彈威脅的策略主要包括：（一）依賴美國的介入；（二）消極的國防政策，以強化固守嚇阻為重點；（三）積極的國防政策，以發展獨立運作的戰略性攻擊能力為主。對於美國而言，隨著中共在亞太地區的軍力和影響力日益崛起，以及戰略性核武能力明顯成長的新現實，美國在考量是否介入台海衝突，所必須要處理的政治、經濟、軍事變數，也將更趨於多元及複雜。

備忘錄 七九

中共政經發展的虛與實

時間：二〇〇二年十一月十五日

十一月八日，中共總書記江澤民在中共十六大的政治報告中指出，中國大陸現正處於，且將長期處於社會主義初級階段，因此必須始終堅持以經濟建設為中心的路線，並繼續推動政治體制改革。十一月十日，中共國家計委主任曾培炎表示，中國大陸今年的經濟成長率可達百分之八，但是到今年底，預計失業率將達百分之四，並且會有六百多萬人在就業中心待業。不過，根據西方媒體近日相繼出版的分析報導，包括遠東經濟評論、紐約時報、亞洲時報、新加坡海峽時報，以及美聯社等的專論指出，中共自一九七九年實行改革開放政策以來，確實表現出相當的經濟成果，但是，經濟的發展卻也為中共的統治正當性，帶來了新的挑戰。目前，中共新一代領導人所要面對的各項結構性政經發展瓶頸，相較於江澤民時代，可謂有過之而無不及。現謹將各項專題報導的要點分述如下：

第一、中共十六大之後的領導集體，必須要有能力在經濟社會快速變動的環境下，有效地治理整個中國大陸。因此，如何強化統治的政治正當性、如何增強處理經濟難題的機制與能力、如何穩健地從計劃經濟轉型到市場經濟、如何建立對弱勢團體的福利照顧制度、如何建立經濟發展所需要的快速且自由的資訊流動機制、如何理順技術官僚專業領導與經濟自由化及融入國際經貿體系之間的互動關係，以及如何面對大陸經濟與國際體系接軌後，同時帶來的機會與威脅等，都是新一代中共領導人必定會面臨的考驗與挑戰。

第二、中共當局在十六大中，將「三個代表」理論寫進黨章，並為吸納私營企業主進入中國共產黨，提供法源基礎。這項措施為共產黨增添了多元性，但是卻也為日後的體質轉變，埋下了深層的種子。目前，中共當局對任何可能形成挑戰共產黨領導的組織性力量，都採取嚴厲的壓制措施。例如，中共當局為防範反對勢力，運用網際網路來集結力量，單單在北京市就設置了五萬多名網路警察，負責監控檢查網路的內容。此外，中共相關單位亦與國際網路公司，包括雅虎、美國線上等，簽署安全檢查協定，並自今年八月一日開始生效。基本上，中共當局仍然認為最根本的政治改革是沒有必要的。現階段中共認為只要把新興的企業主納入共產黨組織，即可有效化解可能挑戰中共一黨專政的社會力。

第三、近年以來，中國大陸的經濟發展確實有明顯的變化。目前，在十三億人口中，已經有將近二億人左右，擁有相當程度的購買力。但是，自從一九九六迄今，大陸的農村平均收入不升反降，城市的失業人口在一九九七年有三千萬人，二〇〇五年時，將達到失業人口的新高峰，估計的失業率是百分之十五。根據世界銀行的研究報告，大陸必須在未來的十年內創造高達一億個工作機會，才能滿足整個經濟體的就業需求。目前，有愈來愈多的工業城市，爆發嚴重的失業問題。憤怒的失業工人對於腐敗揮霍的官僚，已經無法忍受。在一九九五年時，工業城市失業工人的抗議示威活動，即達到二萬三千次；一九九九年是十二萬起；今年的抗議示威活動將可能達到二十萬起；有不少西方觀察人士認為，工業城市的失業貧窮人口問題將是威脅大陸政治社會穩定的最大隱憂。

第四、金融體系瀕於崩潰是中國大陸政經發展的另一項嚴峻挑戰。目前，中國大陸銀行體系的整體逾放款比率，已經高達百分之三十七，遠遠超過國際銀行界安全標準的百分之五逾放率。一九九八年間，中共當局意圖透過設立四家資產管理公司，結合國際投資銀行的專業與資金，來處理銀行呆帳問題。但是這項計劃經過三年的執行期，並沒有達到預期的效果，反而使中國人民銀行的財務結構受到負面的影響；同時，其亦使中共政府部門的財政赤字同步增加，銀行的授信能力相對下降。此外，根據ＷＴＯ的入會協定，外資銀行將在二〇〇七年，全面的進入大陸的人民幣業務市場。屆時，大陸的銀行是否將因逐漸失去人民的信心，而導致大量存款流進外資銀行的狀況，殊值密切觀察。

備忘錄八〇

中共操作「美國牌」的對台策略思維

時間：二〇〇二年十一月二十二日

十一月二十一日，駐美代表程建人在立法院中證實，十月間的「布江會」中，江澤民曾經主動對布希總統提出撤除部署在台灣當面沿海的飛彈，以交換美國減少對台軍售的質量。「布江會」後，美國前國防部長培里及次長斯洛坎，亦先後在本月中旬來台，向民進黨政府的高層人士探尋，如果中共撤除對準台灣的飛彈，台北將如何反應？據瞭解，當培里在拜會陳水扁時，直接就提出這個問題。陳雖曾公開要求中共撤除針對台灣的飛彈，但卻對培里的問題，顧左右而言他。

隨著美國與中共間，就有關執行反恐戰爭的合作議題日益增加，中共操作「美國牌」來處理台灣問題的彈性，亦更見靈活。目前中共方面正從事三項戰略性武力強化措施，藉以嚇阻美軍直接介入台海戰事，其中包括：（一）核動力潛艦的潛射洲際彈導飛彈能力；（二）運用雷射殺手衛星，破壞美國執行戰場管理所需要的人造衛星；（三）建構雷達衛星及全球衛星定位系統，並同步部署攻艦巡弋飛彈，以擊沉航空母艦為目標。當中共方面對前述的戰力發展漸具信心時，也積極地將處理台灣問題的「和戰兩手策略」，從對台灣轉為對美國。

長期以來，中共一直有意將美國對台軍售議題，與反武器擴散議題掛鉤，要求美國停止對台軍售，以換取中共支持美國的反武器擴散措施。但是，美國基於本身的軍售利益，以及台灣關係法規範對台軍售，取決於台灣受到威脅狀況的原則，拒絕中共所提的交換條件。然而，在十月的布江會上，江澤民主動提出有意以降低對台威脅狀況，換取美國減少對台軍售的質量，此舉無異是想突破美國對台「六大保證」中，有關美國對台軍售事前不與中共諮商的原則。同時，中共方面所祭出的「和策略」，不僅回應了陳水扁要求撤飛彈的呼籲，亦削減了美國對台軍售的正當性基礎。

現階段，中共方面認為，美國有意運用「對台軍售」及「政治民主」，來延阻兩岸的統一進程。然而，隨著美「中」戰略互動利益日增的趨勢觀之，中共操作「美國牌」的效果也將加大。屆時，陳水扁政府在面對美國與中共同時提出「撤飛彈、減軍售」的雙重壓力時，將會陷入進退維谷的窘境。因為，美國方面對於民進黨政府遲遲無法實際執行，對美的重大軍購案，已經失去耐心，甚至有意藉中共提出撤飛彈的壓力，逼迫扁政府做出困難的軍購決定，而這些狀況，也在中共操作「美國牌」的算計之中。

備忘錄八一

美國操作「對台軍售」的策略思維

時間：二〇〇二年十二月十九日

十二月十八日，美國行政部門的資深官員在面對媒體詢問時表示，針對中共所提「凍結飛彈部署換取美國減少對台軍售」，不必和美國的對台軍售混為一談；至於台海兩岸之間的軍事對峙，要由兩岸自行溝通化解。這是美國政府高層官員首次對「撤飛彈減軍售」案，表達明確的立場，而其並指出，美國認為中共的態度是很認真的，但美方不願意拿對台軍售來與中共討價還價。

長期以來，中共一直有意將美國對台軍售議題，與反武器擴散議題掛鉤。但是，美國基於本身的軍售利益，以及執行台灣關係法中，有關維持台灣適當防禦能力的程度，取決於其所受到威脅狀況的原則，拒絕中共所提的交換條件。十二月十日，中共副總參謀長熊光楷在華府表示，江澤民在接見美國前國防部長培里時，曾經提到美方如果在軍售問題遵守「美中三公報」，則中共方面可以在飛彈問題上讓步。換言之，中共提出「撤飛彈減軍售」的建議，其主要的目的，是要求美國根據「三公報」來處理「台灣問題」，尤其是「八一七公報」中有關逐年減少對台軍售的質與量。因為，目前在美國國會山莊的「台灣連線」議員，有意對行政部門施加壓力，要求重新檢討美國的「一個中國」政策。這些人士在民進黨的策動下，公開表示，當年簽訂「三個公報」的政治現實（Political Reality）已經改變，所以行政部門有必要正視台灣政治民主化的新現實，調整美國的兩岸關係政策。中共方面不僅不敢忽視這股力量的發展，同時亦在預警部署中，主動提出「撤飛彈」的風向球，來換取美國行政部門遵守「美中三公報」的承諾。

對於美國而言，去年四月下旬公布的對台軍售清單，已經為交換中共「撤飛彈」，預留了協商的籌碼。美國早在一九九八年即瞭解，台北的財政狀況恐無法負擔巨額的軍購支出。一旦中共有意以「凍結對台飛彈部署」，來減少美國對台軍售的正當性，美國則可以刪除對台軍售清單中的部份項目，一方面可以對中共有所交待，另一方面也不至於得罪台北，甚至還可以表示為台北的財政困難解套。目前，美國國防部以及國務院正在研擬對策，因應中共所提的建議。據前述的分析觀之，美國操作「對台軍售」的策略思維，仍然朝向對其最有利的方向發展。至於國會的「台灣連線」要求行政部門，檢討美國的「一個中國政策」，恐怕不會有明顯的進展。

備忘錄八二

台海風雲與美「中」關係

時間：二〇〇二年十二月二十四日

十二月十七日，美軍太平洋總部司令法戈在上海美國領事館向媒體表示，他在訪問中國大陸期間曾對中共高層強調，台灣問題是「中」美雙方最大摩擦點；美國希望「和平解決能成為唯一可行的出路」；美國總統布希承諾其將遵守「中」美三個聯合公報和「一個中國」政策；美國國家領導人和美軍太平洋總部，「都準備並有責任履行台灣關係法的有關義務」。在前一天，華府的「國防新聞」周刊，發表一篇題為「五角大廈檢視亞太可能狀況」的專文指出，中共不斷強化資訊科技及相關戰力，美國如果不能適時加強，其結果將導致美國在太平洋地區的利益受損。此外，這份報告亦強調，如果美國軍力成功轉型，而中共軍力發展又有限，或許亞太地區可以維持一個「美國主導下的和平」；但是如果中共經濟快速成長並加強軍備擴張，那麼即使美國戰力轉型，也仍然可能出現衝突場面。所以美國將可能和台灣發展更緊密、更正式的關係，包括擴大軍事合作。今年十二月中旬，由哈佛大學及麻省理工學院聯合出版的「國際安全」（International Security）季刊，發表一篇波士頓學院教授羅斯（Robert S. Ross）撰寫的論文「Navigating the Taiwan Strait: Deterrence, Escalation Dominance, and U.S.-China Relations」，全文針對台海爆發軍事衝突的可能性，以及美國操作台海形勢的策略思維，有深入的剖析，現謹將其要點分述如下：

第一、一九九六年的台海飛彈危機，不僅促使美國決定派遣兩個航母戰鬥群駛近台灣海峽，以防範中共對台採取軍事行動；隨後，此危機也導致美國增加對台軍售、強化台美間的軍事合作，以及積極推動飛彈防禦體系的建構計劃。此外，美國政府亦審慎地構思一套結合利益、能力，與行動決心的嚇阻策略，防範台海地區爆發軍事衝突。目前，美國愈來愈有信心地認為，只要台灣方面不冒然地宣佈獨立，其優勢的軍力將可以繼續有效地，嚇阻中共使用軍事手段解決台灣問題。在此基礎上，美國可以擴大與中共間的各項合作議題，避免台海爆發軍事衝突，同時還可以維持台灣民主發展及經濟繁榮。

第二、美國與中共對台海地區的形勢變化，具有相當不對稱的利益考量。從中共的角度觀之，中共認為台灣是其領土的一部份，也是其主權的延伸，同時更關係到其整體的「國家安全利益」與東南沿海的戰略部署；然而，從美國的角度而言，台灣問題將會影響到美國的「聲譽」，但不是其核心的國家安全議題。此外，就美國維持其在亞太地區核心利益的美日軍事同盟而言，南韓所能貢獻的價值遠超過台灣。不過，中共方面現階段的核心戰略目標是維持和諧的國際環境，以利全力地發展經濟建設。同時，中共方面對美軍在軍事能力的優越性和介入台海戰事的可能性，亦不敢掉以輕心。尤其是一旦台海戰事爆發，大陸的經濟現代化將會倒退數十年，萬一中共在台海作戰失利，其不僅會在經濟發展上受損，更可能導致共產黨政權的崩潰。因此，只要台海問題沒有挑戰到其關鍵性的安全利益，中共方面亦認為維持現狀，對其和平與發展的大局有利。

第三、美國在建構其嚇阻戰略的佈局上，除了維持琉球的七十二架F十五戰鬥機以保持空中優勢外，並開始派遣航母戰鬥群定期航經台海地區。此外，美國已經增加西太平洋地區的核動力攻擊潛艦數量，並與新加坡、菲律賓等國達成協議，隨時可以使用其港口，做為軍事運作之用。美國的策略思維是在告訴中共，不要僥倖地以為其採取奇襲並造成事實的軍事行動可以奏效，進而冒然地啟動台海戰端。同時，美方亦需告訴台北，雙方的軍事合作將不會升級成為軍事同盟關係。一旦台海戰事是由中共引爆，則美軍將採取獨立作戰方式來處理，不需要與台灣的軍隊協同作戰。

第四、現階段對美國繼續維持台海地區和平與穩定的最大挑戰在於，美國如何保持嚇阻中共武力犯台的軍事優越實力，以保護台灣安全、民主、與繁榮，並防範台北方面祭出台獨的冒進行動，挑釁中共的安全利益底線；同時，美國亦可以在此基礎上，擴大與中共發展多面向的合作關係，共同創造雙贏的結果。因此，美國不僅要維持其在亞太地區的軍事嚇阻能力，也要與台北發展有限度的外交與軍事合作關係，並隨時警告台北走向台獨的嚴重後果。

備忘錄八三

中共加入WTO後的實況剖析

時間：二〇〇三年一月十二日

去年是中國大陸加入WTO的第一年。雖然有不少跨國企業積極地在大陸展開投資佈局，促使二〇〇二年投資大陸的協議金額躍升到五佰億美元左右，但也有許多企業集團採取觀望態度，看中共是否認真地履行WTO的規範，實施各項市場開放的措施，並據此做為決定加碼投資大陸的參考。自今年元月開始，美國的貿易代表署計劃定期與中共相關主管部門，針對雙邊貿易問題進行協商，並要求中共儘快履行開放市場的承諾。根據美國貿易代表署指出，過去一年，對於美國出口的棉花、小麥、黃豆等農產品，中共的限制進口措施依舊不透明；此外，美國政府認為中共的食用肉類檢疫手續也沒有科學依據；至於物流、金融和保險、電信等服務業，大陸當局在發放許可證的手續上，仍然不透明。隨著WTO新回合談判即將陸續展開，兩岸加入WTO後各自所將面對的挑戰與契機，亦逐漸地浮現。我國駐WTO代表團主動表示，不排除將來與大陸駐WTO代表團，以共同提出談判文件等方式，進行議題合作，為有利雙方的議題爭取權益。據此趨勢觀之，我國有必要對大陸加入WTO後的實況，進行客觀深入的瞭解。二〇〇二年十一月，美國西雅圖智庫「國家亞洲研究局」發表一份題為「China's WTO

Accession: The Road to Implementation」的研析報告，提出大陸加入ＷＴＯ六個月後的實況介紹，其要點如下述：

第一、中共在履行加入ＷＴＯ的承諾，成為負責任的國際經貿體系成員過程中，目前仍有六項潛在的障礙因素有待克服，其中包括：（一）實施法治、依法行政，貫徹法律透明化、一致性，以及可預測性；（二）農產品關稅稅率配額的調整；（三）基因改造食品的管制進口規定；（四）物流、產品通路服務業的開放許可證審核措施；（五）與貿易有關聯性的智慧財產權保護措施；（六）防衛條款的運用措施等。對於中共當局而言，若要想克服上述的障礙因素，積極落實加入ＷＴＯ的承諾，並藉此產生促進大陸經濟轉型，與世界經貿體系接軌的目標，其所必須要努力完成的重點項目包括：（一）克服領導階層本身對法治觀念欠缺的弱點，加強中央黨校對省級以上的領導幹部，進行法治和ＷＴＯ規範的教育訓練；（二）對民眾們進行教育宣導，使其瞭解政府與企業在ＷＴＯ的架構下，其享有的權利和應付出的義務為何；（三）適度地調整農產品關稅和配額，以及基因改造食品進口的管制政策；（四）對物流及產品通路服務業的管制鬆綁；（五）遵守國際上對智慧財產權保護的慣例；（六）儘量減少對其他的ＷＴＯ成員，祭出防衛性的排除條款。此外，中共當局應該設立具有協調各部，以落實ＷＴＯ承諾的綜合性機制，並透過立法的程序，建立法治體系，使執行單位能夠依法行政，一方面使審核機制透明化以強化外資投入的信心，另一方面亦可逐步建立市場經濟體系的法律機制

備忘錄 八四

陳水扁的挑戰

時間：二〇〇三年一月十七日

一月十六日，陳水扁在接見美國聯邦眾議院「國會台灣連線」訪問團時指出，台海兩岸要將長期的政治歧見擱置，雙方才能展開協商；但是，現在台北方面無法接受中華人民共和國所謂「一個中國原則」及「一國兩制」；同時，台灣外交上更受到中共打壓與彈導飛彈部署的威脅，因此，不論是三通、直航等議題都無法坐下來談。陳並強調，中共要台灣像香港一樣，要台灣接受成為大陸的地方行省或特別行政區，但絕大多數的台灣人民無法接受，這也就是兩岸最大的歧見所在，因此，其盼望能夠建立兩岸和平穩定的架構來加以化解。

然而，綜觀「兩岸三邊」錯綜複雜的利益糾葛，陳水扁提出的「建立和平穩定互動架構」，仍然只停留在一廂情願的主觀期望層次，因為其缺少支持雙方願意進入「架構」的政治基礎。不過，就在這種空轉僵持的過程中，台海間雙方綜合實力的消長變化，卻出現了令人驚訝的新形勢。日本學者大前研一在新書中預言，台海兩岸將在二〇〇五年以中華聯邦的形式統一。其並強調，因為若到那時，兩岸還沒有任何形式的共識，將會嚴重傷害台灣的經濟命脈；台灣唯一的機會在下次總統大選，五年後，中國可以忽略台灣，屆時所有台灣公司都會移轉到中國大陸，此外，大前研一認為，台灣的企業要生存，他們需要有「自由」去掌握新的機會，所以台灣的新政府若是未來三、四年沒有做任何事情，台灣商人會「放棄」、「漠視」台灣政府，那就成了「台灣錯失」，而台灣錯失，則台灣盡失。

目前，陳水扁政府的兩岸政策仍然無法跳脫「以拖待變」，期盼美國與中共關係再度惡化後，能繼續往「台獨」的方面移動。然而，隨著國際形勢及兩岸綜合實力的變化，陳水扁對美國及中共的價值，已經轉變成說服台獨基本教義人士，避免台灣內部獨派力量失控，導致台海地區情勢緊張，造成美國困擾的角色。陳水扁提出傾向「新中間路線」的兩岸關係政策主軸，雖然已經獲得美國方面的支持，但是，中共方面則要觀察其是否能有效壓制「台獨勢力」的作用，才會決定給予回應。至於台灣的主流民意，則已經對於各種反覆無常，亂無章法的「政策口號」感到厭煩，而陳水扁最大的挑戰，也是如何形成台灣朝野對兩岸關係政策的政治基礎共識。

備忘錄八五

中共與台獨聯手封殺中華民國

時間：二〇〇三年一月二十五日

一月二十四日，中共中央對台工作領導小組副組長錢其琛指出，中共的對台政策將繼續採取「和平統一、一國兩制」的基本方針。同時，錢在談話中重提「一個中國」的新三段論，並明確表達中共反對「台獨」的立場。隨後，國民黨主席連戰在台北的記者會上表示，國民黨對兩岸關係的主張是，恢復一個中國各自表述及九二年共識的基本立場，但不接受中共所採取的「一個兩制」模式。連戰強調，「一國兩制」的先決條件是消滅中華民國，這種主張在台灣沒有市場。同時，連並呼籲中共不要把「一個中國」無限上綱，導致對台灣整體的矮化，並為民進黨政府推動「漸進式台獨」政策，創造有利的條件。

綜觀近日以來，中共在國際場合全力封殺「中華民國」的措施，其中包括對獅子會、青商會與同濟會等國際組織施加壓力，要求將「中華民國總會」更名為「台灣總會」；對泰國政府施壓，拒絕發給我國立法院副院長江丙坤訪泰的簽證；涉台部門及外交部門在公開場合及正式文件中，一再地強調中華民國在一九四九年，已經滅亡了。此外，中共當局提出「一個中國」的新三段論，仍然沒有明確地澄清其內涵的適用，是否內外有別。相較於台獨人士積極推動的

「台灣正名運動」，中共的「去中華民國」措施，其所達到的「成果」，反而讓台獨人士坐收漁利。因為，有越來越多的國際組織和團體，在受到中共「去中華民國」的壓力之下，都改名為「台灣」。這種趨勢導致台灣內部支持中華民國的人士，陷入進退維谷的艱難處境。反觀台獨人士卻因此而獲得更多的操作空間，以及堅持台獨的正當性。

目前，有部份反對的人士認為，堅持「中華民國」是保留台灣與中國之間的政治、歷史橋樑，可防止台灣「去中國化」。然而吾人要問的是，「中華民國」只有橋樑的價值嗎？尤其對於捍衛中華民國生存發展的國民黨而言，明確地揭示中華民國的國家目標，積極務實地策定各項施政方針，並妥謀重返執政大計，爭取總統大選勝利，然後按明確的政策指導，運用執政團體的集體智慧，為人民興利除弊，才是破解中共與台獨兩面夾殺「中華民國」的正道。同時，吾人對於部份人士寄望中共的善意與呼應，做為反制台獨勢力的如意算盤，亦必須指出其中的盲點與危險性。畢竟，中共的「一國兩制」基本方針，其先決條件就是要消滅「中華民國」。

備忘錄八六

中華民國總統的挑戰

時間：二〇〇三年二月十四日

二月十四日上午，國民黨主席連戰與親民黨主席宋楚瑜，在經過九十分鐘的會談後，共同簽署「國親政黨聯盟備忘錄」，並決定推動「黨對黨」合作，提出「國家發展藍圖」，共組「聯合執政團隊」解決台灣當前面臨的經濟與兩岸問題，以確保台灣未來擁有「活力經濟」、「清明政治」，以及「兩岸和平」之新願景。連戰特別強調，大家要「向前看、向遠看、向廣看」，他很高興今天大家能邁出重要的第一大步。此外，宋楚瑜在其萬言書中亦指出，「連宋配完，也打贏阿扁，然後呢？台灣就會更好嗎？」

美國中情局長譚納於本月十二日，在參議院的聽證會上表示，現階段的兩岸關係雖然尚稱穩定，但是卻隨時可能受到客觀環境的牽動，而產生劇烈的變化。綜觀台北、北京、華府「兩岸三邊」互動關係的複雜因素，未來的幾年，在兩岸互動關係的場域中，不論是由國民黨執政，或是由民進黨繼續主政，中華民國總統所要面臨的挑戰與考驗，將會更加的嚴峻。倘若國民黨承諾要把台灣的活力與自信找回來，要讓台灣變得更好，就必須要對下述的議題，進行深入的研究，並提出整體的因應對策：第一、面對中共與台獨聯手封殺中華民國，壓縮中華民國生存空間的挑戰，國民黨的破解勝出之道為何？第二、面對中國大陸經濟的磁吸效應，導致可觀的資金、技術、人才與資訊，從台灣快速地流向大陸，國民黨能否提出經濟發展策略，化空洞邊緣危機為再發展的轉機，促進台灣的經濟實力更上一層樓？第三、面對北京當局祭出的對台懷柔策略，包括，「撤飛彈減軍售」、「兩岸航線」、「對台商實施國民待遇發身份證護照」等，國民黨將如何因應，並藉此創造更寬廣的操作空間？第四、面對中共戰略性軍事能力，已經逐漸形成嚇阻美國介入台海局勢的有力因素，國民黨的因應策略為何？第五、面對中國大陸開始推動政治體制改革試驗的新趨勢，國民黨將如何因應這種變化，進而規劃贏的策略，成為民主中國的貢獻者，並避免成為美國與中共互動下的犧牲品？

「國親合作」已經邁出成功的第一步。但是，未來的路還很長，前述的議題則是考驗國民黨重返執政後的具體挑戰。

備忘錄八七

飛彈防禦與美「中」戰略關係

時間：二〇〇三年二月二十日

根據日本讀賣新聞於二月上旬發自北京的報導指出，中共已經於去年十二月，成功地完成射程達一千八百公里的多彈頭中程彈導飛彈試射。中共外交部人士表示，擁有多彈頭飛彈便能突破美國所部署的飛彈防禦網，並維持對美國的嚇阻力。日本杏林大學教授平松茂雄則強調，中共的多彈頭彈導飛彈能力，在五年內會把美國本土列入射程範圍內。此外，今年二月中旬，美國國防部主管亞太事務的副助理部長勞理斯，以及國務院主管亞太事務的副助理國務卿薛藍迪，在美國德州「美台國防工業會議」上表示，加強飛彈防禦是台灣的當務之急。隨後，美國國防部官員石凱明中校亦強調，中共在台灣對岸部署的飛彈可能已經達到四佰枚，而且每年至少增加七十五枚，到二〇〇五年，總數將達到六佰五十至七佰枚，因此，其建議台灣及早購買美國產製的「愛國者三型」反飛彈系統。至於日本方面，其早在一九九五年就曾經考慮自行發展核武，並結合發射人造衛星的能力，建構核武彈導飛彈的自衛性武力，以對抗北韓核武及飛彈的威脅。此項構想隨後因顧慮可能失去美國的保護傘，並可能打亂亞洲均勢而擱置。然而，一九九八年八月下旬北韓的飛彈越過日本領空之舉，激發日本同意與美國共同研發高空域飛彈防禦體系的決心。近日以來，北韓核武危機及彈導飛彈威脅，已經促使日本朝野認真思考參與美國飛彈防禦體系的計劃。但此項決定勢將會引發中共方面的疑慮，並為脆弱的美「中」合作關係，增添新變數。今年一月下旬，美國華府重要智庫「史汀森中心」，結合華府知名戰略學者，共同發表一份題為「China and Missile Defense: Managing US-PRC Strategic Relations」的研究報告，即針對飛彈防禦與美「中」關係的複雜性，提出深入的剖析，其要點如下述：

第一、美國政府在規劃飛彈防禦體系的政策時，首先必須從整體性的戰略高度著眼，並站在最高領導人的視野，結合美國對華政策（包括台灣）、美國的亞太安全戰略，以及融入俄羅斯因素等的考量，才可能發展出切合美國國家利益的飛彈防禦戰略。因此，美國的決策者面對飛彈防禦與中共戰略關係聯動性的複雜議題，可以從五個問題切入核心：（一）從亞太區域安全的角度及美國建構飛彈防禦體系的角度，深入探討中共當前感受迫切威脅及潛在威脅的因素與形勢。具體而言，中共是否認為飛彈防禦對其安全構成嚴重威脅，而其恐懼的原因何在？（二）美國的飛彈防禦體系與台灣的安全有那些關聯性？部份美方人士認為，美國在建構飛彈防禦體系後，將促使美國更能靈活運用傳統性武器，而這種變化將會對台海的安全與穩定造成何種影響？（三）中共為因應美國的飛彈防禦體系，可能會採取那些具體的反制措施，以維持其對美國核武導彈威脅的嚇阻能力？（四）亞洲其他國家對美國建構的飛彈防禦體系，可能會有那些反制或因應措施？具體而言，北韓、伊拉克、伊朗等「流氓國家」會祭出那些動作，俄羅斯、日本、台灣、東南亞國家，甚至印度及巴基斯坦會有那些反應，亦需深入瞭解；（五）探討美國可以採取何種政策措施與方式，爭取中共瞭解美國建構飛彈防禦的共同利益基礎，甚至獲得中共的諒解與支持。此外，美國方面亦必須思考，所謂爭取中共對發展飛彈防禦的戰略性瞭解，真的能夠為維護美國國家利益服務嗎？

第二、根據研究分析發現，美國決定建構國家飛彈防禦體系，已經明顯而具體地加深了，中共方面對美國有意圍堵中國大陸的疑慮。中共認為，從美國二〇〇一年九月三十日公佈的「四年國防評估」、二〇〇二年一月提報國會的「核武態勢報告」，以及二〇〇二年九月公佈的「美國國家安全戰略」等三份文件的內容觀之，美國決定建構的飛彈防禦體系，顯然是針對包括中國大陸在內的地區而設置的，因為美國意圖運用此項飛彈防禦體系，來保持對中共長期領先的優勢軍力。此外，中共認為，美國建構飛彈防禦體系將會弱化中國大陸在國際上及內部的安全系數，並減少中共在朝鮮半島、日本，以及台海地區，靈活運用其和、戰兩手策略的空間。同時，中共對台灣問題可能受到美國建構飛彈防禦體系的影響，而趨向複雜及不可預測的變化，亦格外的關注。中共方面認為，美國如果將台灣納入飛彈防禦體系，則表示美國有意支持台灣與中國分離，而此項措施也將突顯出美國有意運用台灣問題，製造台海地區的軍事衝突，並刻意迫使中國大陸調整經濟發展目標及對外發展的整體戰略，進而達到延阻中國大陸全面發展的效果。

備忘錄 八八

中共深化經濟改革的挑戰

時間：二〇〇三年二月二十五日

二月二十三日，全球七大工業國財長會議在巴黎召開，與會的七國財長共同指出，一旦伊拉克戰爭爆發，全球油價暴漲將無可避免，而全球經濟將從國際貨幣基金會原先非正式估計的百分之三，掉到百分之一點五。中國大陸的外向型經濟成長，也將可能會受到此項衝擊，進而產生新一輪衰退。不過，中共國家統計局副局長邱曉華表示，儘管美伊戰爭可能影響出口增長，但今年全年經濟增長率將保持在百分之七左右，不會有太大的變動。然而，根據美國中情局長譚納在國會聽證會的報告指出，中國大陸近來發展的成就是戲劇性的，而且讓部份鄰國憂心忡忡，但另一方面，大陸經濟對出口業的依賴程度日漸升高，如果經濟成長不夠快速，大陸創造就業機會的問題將更嚴重，甚至影響到政治和社會的穩定。整體而言，中共當局面對日益嚴峻的經濟形勢，亦以戒慎恐懼的態度，積極從事各項深化經濟改革的措施。據瞭解，中共在今年三月的人大會中，將通過國務院精簡方案，在精簡後的二十一個部委中，將有八個委員會是以全新面貌出現，其中包括：（一）國家資產委員會；（二）國家發展計劃委員會；（三）國家農業委員會；（四）國家能源委員會；（五）國家交通委員會；（六）國家銀行監管委員會；（七）國家電信監管委員會；（八）國家電力監管委員會。然而，二月二十日發行的「遠東經濟評論」，則以一篇專題深入分析這項機構改革所將遭遇的阻力；此外，美國投資銀行摩根史坦利亞洲香港公司，於二月十九日亦發表一份「二〇〇三年預測」的趨勢報告，明確指出大陸經濟發展的挑戰，現謹將兩篇專題分析的內容，以要點分述如下：

第一、中國大陸今年的總體經濟表現，將會維持百分之七點五的經濟成長率，不過，大陸仍有三個結構性挑戰有待克服，其中包括：（一）必須帶動個人消費，把對外的總體需求轉向內部，並創造內需市場的有效需要；（二）透過刺激內需市場發展，防止大陸內部通貨緊縮進一步惡化；（三）從大陸東部向西部地區推進，促進經濟體系較能平衡發展。目前，中國大陸經濟的轉型和發展已經取得重大成就，但也產生了最令人畏懼的挑戰，即中國大陸必須打破過去五千年閉關自守的傳統，並擴大對外界的注意力；另一方面，世界各國也必須放下對中國根深蒂固的懷疑態度，認真看待其出色的成功故事。

第二、目前中國大陸最嚴重的經濟問題，其一是銀行體系的呆帳越築越高；其二是虧損國企這個老、大、難的問題，尤其是這些嚴重虧損的國有企業，正在加速地拖垮整個銀行體系；第三則是農民收入始終無法提升的問題，而中共當局也已將此項難題，視為威脅社會穩定的重大挑戰。有不少西方的觀察家認為，中共當局期望透過國務院機構改革來解決這些積重難返的問題，是不切實際的。有一位在大陸投資經營的高級經理人認為，解決中國大陸這些結構性的經濟難題，並沒有什麼特效藥；就實際狀況觀之，「高層領導的推動決心與意志」，其所能發揮的影響力和效果，甚至高於國務院機構的精簡合併與改革；就目前推動深化經濟改革所進行的機構重組，其真正能夠發揮預期功能的關鍵在於「誰主導這個機構、賦予這個機構那些授權，以及政治局常委會給予新成立機構多少支持」。清華大學的一位教授即指出，從一九九八年的國務院機構改革執行情形觀之，政府組建一個新部門，卻不給他們必需的權力、相對的獨立性，以及明確的授權，結果只能使該項國務院機構改革，淪為資源及人力的浪費。

第三、中國大陸的銀行體系目前存在五千億美元的不良貸款。根據大陸加入世界貿易組織所簽署的協議，中國大陸最遲要在二〇〇七年，就必須開放外資銀行進入市場，並准許其經營人民幣業務。倘若大陸的銀行體系不進行改革，屆時將很難與經營效率高的跨國企業銀行競爭。目前大陸銀行體系的問題根源，正是嚴重虧損又缺乏競爭力的國有企業。中共當局意圖運用新成立的「國有資產管理委員會」，來解決國企虧損的問題。但是，單單成立國有資產管理的機構，卻無法從根本強化國有企業競爭力的核心問題著手，其是否能夠真正面對問題，並進一步解決問題，仍待觀察。

備忘錄八九

中共的國家安全政策動向

時間：二〇〇三年三月十日

三月七日，前任美國中情局亞洲首席情報官沙特博士（Robert Sutter），在太平洋論壇電子報發表專文指出，現階段中共的國際安全政策目標包括：（一）維持穩定的外交環境，以有利於其集中精力資源發展經濟，並鞏固中共政權的統治基礎和政局的安定；（二）促進拓展國際經貿投資交流活動，以支持中國大陸全面性的經濟發展；（三）在運用及操作區域政經影響力時，將儘可能地降低亞太區域鄰國的疑懼；（四）提升中國大陸在區域及國際的影響力，並為協助維持世界秩序做出貢獻。然而，沙特亦在專文中披露出，胡錦濤近日在非正式場合中，對美國與中共關係本質的看法。胡認為，美國近來在亞太地區不斷地增加兵力部署、強化美日軍事同盟關係、強化與印度的戰略性合作項目、改善與越南的外交關係、協同巴基斯坦在阿富汗建立親美政權、對台灣大量增加軍售等，顯然是在部署全面性的戰略據點，並意圖牽制中國在亞太地區的影響力。自從「九一一恐怖攻擊事件」發生以後，美國與中共的互動關係，在合作面上有明顯增加的傾向。但是，綜觀近日美國與中共在伊拉克議題及北韓議題上，相繼出現意見與利益分歧擴大的跡象。吾人再參照胡錦濤對美中關係本質的看法，顯然中共當局對其與美國建立進一步的戰略性合作關係，並沒有太多樂觀的期待。今年二月下旬，美國史坦福大學胡佛研究所的「中共領導人觀察」（China Leadership Monitor, No.5），即發表一篇由Thomas Christensen所撰寫的分析報告，介紹中共十六大之後的國際安全政策動向，其要點如下：

第一、中共於去年十一月上旬召開「十六大」，推出以胡錦濤為首的新領導群。對於西方國家而言，其所真心關切的議題主要包括：（一）中共當局的新一代領導群，對於其關鍵性的國際安全事項，例如美「中」關係、台灣問題、反恐戰爭、伊拉克問題、聯合國安理會的表決立場、武器擴散議題、朝鮮半島問題等，是否會出現更具有彈性的新思維？（二）新一代的國際安全政策領導人及核心策士，在江澤民、錢其琛、遲浩田、張萬年相繼退休後，是否會提出新的政策路線，或者展現出不同於以往的決策風格？（三）從近期以來，美國與中共互動關係有逐漸增溫改善的現象觀之，北京的新一代領導人是否已經開始發展新的國際安全政策思維？

第二、美國總統布希在二○○一年一月下旬就職以後，其國家安全團隊成員相繼地在公開場合中強調，美國與中共在亞太地區有逐漸形成戰略競爭的趨勢。隨後在四月一日的軍機擦撞事件中，以及四月下旬的對台軍售議題上，都展現出有意與中共別苗頭的姿態。然而，北京當局認為，面對雙方綜合國力差距懸殊的事實，北京若與華府展開正面衝突，將不利其致力發展經濟，提升綜合國力的大局，因此，在國際安全政策思維上。仍然堅持以維持和諧的鄰國週邊環境為主軸；至於在美中關係上則保持「既聯合又競爭」的策略，細緻地進行「鬥而不破」的微妙互動。二〇〇一年九月，紐約爆發恐怖攻擊事件；中共領導人首先表態支持美國的反恐戰爭，並協助美國在南亞地區建立前進基地，順利執行阿富汗戰爭。基本上，中共在此時期所展現出對美國的支持與配合，也換來美國相繼在二〇〇二年間，明確表示不支持台灣獨立的政策立場。

第三、當美國正忙碌於執行對伊拉克的戰爭準備，以及化解朝鮮半島核武危機時，北京的領導人則相繼的表示有意加強與日本、南韓、東協國家的各項國際安全合作關係。同時江澤民亦當面向布希總統表示，北京願意考慮減少針對台灣的彈導飛彈部署，以換取美國減少對台軍售的質量。此外，共軍在二〇〇二年中不僅再度發佈其「國防白皮書」，甚至還積極地與美軍進行軍事交流活動。北京領導人近來在操作其國際安全政策措施，所展現出的靈活度及彈性，已經讓美國為首的亞太國家感到意外。同時，美國對於中共方面日益增強的自信心，和對亞太地區的政治影響力，也不敢掉以輕心。

第四、中共領導人江澤民與美國總統布希在短短的一年間，曾經兩度進行高峰會議，並就雙方所關切的國際安全議題，達成多項合作共識。這種日益增溫的美中互動，在二〇〇一年九月以前，幾乎是難以想像的情景。據瞭解，布希總統甚至直接向江澤民表示，預祝他繼續留任國家軍委主席，並主導中國大陸的國家安全政策。但是，這種溫馨的氣氛到底可以持繼多久，仍然有待觀察。

備忘錄 九〇

溫家寶面臨的挑戰

時間：二〇〇三年三月二十日

三月十七日，中國大陸第十屆「人大」第一次會議選出溫家寶，接替朱鎔基擔任國務院總理。隔天，溫家寶在記者會上揭示二十四個字的施政綱領：「城鄉協調、東西互動、內外交流、上下結合、遠近兼顧、鬆緊適度。」同時，溫並進一步強調，當前中國大陸面臨五個重大問題，包括農民收入增長緩慢、部份企業經營困難、下崗失業人口不斷增加、城鄉與東西之間發展不平衡，以及金融不良資產比例居高不下等困境。目前，中國大陸是僅次於美國和日本的全球第三大石油消費國。自一九九三年開始，大陸即成為石油進口國。去年間，大陸每天生產三百三十萬桶原油，但卻需消耗四百七十萬桶原油。估計其全年所花費的石油進口金額高達一佰五十億美元。根據研究資料顯示，到二〇二〇年左右，中國大陸將是僅次於美國的世界第二大原油消耗國，而其中有百分之七十的原油將仰賴進口。近日以來，西方主要媒體包括英國國家廣播公司、紐約時報、華盛頓郵報、華爾街日報、新聞周刊，以及遠東經濟評論等，都相繼以重要篇幅，從各個層面剖析中國大陸在新一代領導人接班後，其所將面臨的挑戰與難題。美國華府智庫「國際經濟研究所」的專家拉迪（Nicholas Lardy），以及遠東經濟評論的專家勞倫斯（Susan V. Lawrence）均認為，溫家寶接任總理後所將遭遇的考驗，將遠比其前任嚴峻。現謹綜合各項專論要點如下：

第一、儘管中國大陸的經濟發展趨勢，在二〇〇二年仍然能夠保持百分之七左右的成長率，並能吸引四百六十億美元的外資，創造高達六千億美元的進出口貿易總額，而外匯存底也累積到二千八佰六十億美元的水準。但是，整體而言，中國大陸的經濟形勢卻面臨趨於嚴峻的結構性瓶頸，其中包括國內市場的有效需求不足，農民收入成長緩慢、城市及農村失業人口不斷增加、所得差距日益擴大、國有企業「老大難」問題苦無解決之道、市場經濟體制中的法治規範嚴重匱之、工業快速發展地區的環境急速惡化、官僚貪污腐敗問題有增無減、工業城市的失業勞工對社會不公的反感加劇、國有企業的人力過剩但競爭力卻不足、政府銀行企業「三角債」的包袱高達五千億美元。此外，研究資料顯示，中國大陸在二〇〇二年時，其農村的失業人口高達一億五千萬人，而城市的失業人口亦有三千萬人以上。如何化解這股可能造成社會動亂的壓力，將成為挑戰溫家寶的首要課題。

第二、自從中國大陸推行經濟改革開放政策以來，經濟成長率均維持在百分之七以上，但是沿岸省份與內陸省份的發展差距卻日益擴大。目前，沿海五六個省市占國內生產毛額總值，超過百分之五十以上。朱鎔基擔任總理時期，其曾經企圖推動「西部大開發」計劃，來縮短沿海與內陸地區的發展差距。但是，隨著朱鎔基在任內的財政赤字接近國內生產毛額（GDP）

的百分之五以上，而其所能夠投入西部開發的資金相形減少，至於其所能夠發揮的效果，就更難令人樂觀了。除了東西發展差距之外，大陸城市與農村居民收入的差距、熟練工人與非熟練工人收入的差距，都有明顯拉大的現象。更令人憂心的是，溫家寶手中能夠用來縮小這些差距的政策手段，卻非常有限。目前，大陸的個人所得稅原本是可以成為溫家寶政府，用來進行收入再分配的手段。但是，在大陸能徵收到個人所得稅的對象卻非常有限。至於保障私有財產的議題，溫家寶亦面臨來自於兩面的壓力。在開放政策下致富的一群人士，希望政府能加速立法來保障其財產，但是，根據中國人民大學的一項調查顯示，在二百萬家私營企業中，有百分之二十六以上原來是由國有企業或集體企業所擁有。因此，加速立法保障私有財產的措施，勢將遭遇巨大的民間基層阻力。遠東經濟評論甚至在一篇專題報導中指出，當中共當局有意加速推動保障私有財產的立法工作時，卻忽略了一項更重要的現象，就是在中國大陸，有接近九億的農民在整個現代化的進程中，尚未累積出原始資本，其根本就沒有財產可以接受立法的保護。

第三、中國大陸自二〇〇一年十一月加入世界貿易組織之後，其經濟體系所面臨的國際性競爭只會越來越激烈。目前，北京當局瞭解到進一步開放大陸市場將不只會導致更多的失業人口，而且可能造成嚴重的社會動亂。因此，溫家寶的責任就是維持穩定發展的大局，迎接跨國企業的嚴肅挑戰。